KASS-21-01

(사)한국공간구조학회

Design Guidelines for Air-Supported Structures

공기막구조 설계지침서

KOREAN ASSOCIATION FOR SPATIAL STRUCTURES
사단법인 한국공간구조학회

도서출판 구미서관

발간사

최근 공기막구조물에 대한 수요와 관심이 높아지고 있습니다. 폐기물 매립장 혹은 산업시설과 같은 재실자가 없는 임시구조물로 여겨져 왔던 공기막구조물이 다수의 재실자가 이용하는 시설 혹은 사용연한이 긴 시설로 계획될 시에는 안전한 구조설계를 위한 설계지침서가 필요합니다. 특히 특수건축물로 분류되는 공기막구조물에 대한 방재피난 및 유지관리 계획 측면에서도 참고할 자료가 없었습니다. 본 『공기막구조 설계지침서』는 이러한 상황에서 꼭 필요한 지침서라 할 수 있습니다.

현재 『KDS 41 70 01 막과 케이블 구조』에서는 공기막구조에 대한 언급이 있으나 재료선정과 구조해석 내용으로 국한되어 있습니다. 본 지침서는 공기막구조에 대한 구조설계, 방재피난, 유지관리 내용을 종합적으로 담고 있어 공기막구조물을 계획하는 엔지니어와 관련 업계분들에게 매우 유용할 것으로 생각하며 널리 사용될 것으로 기대합니다.

2001년 5월 한국공간구조학회가 정식으로 출범한 지 벌써 20년의 시간이 흘렀습니다. 우리 학회는 이제 선도학회로서의 위상을 갖게 되었고, 그 과정에서 불모지와 같았던 공간구조분야의 학문적 성숙에도 기여하지 않았나 생각합니다. 그동안 매년 기술세미나 및 연구과제 등 국내외 수많은 학술활동과 기술개발 사업을 추진해 왔습니다. 이에 더하여 이번에 출간되는 『공기막구조 설계지침서』를 통해 관련 산업뿐만 아니라 대공간구조의 모든 분야가 지속적으로 발전해 나갈 수 있길 기대합니다.

마지막으로 코로나19 등 어려운 상황에서 심혈을 기울여 주신 집필진과 검토, 자문위원 여러분의 노고에 감사드립니다.

2021년 5월

(사)한국공간구조학회 회장 **이 재 홍**

머리말

본인을 포함한 대공간 연구종사자들에 의해 10여 년 전 집필되었던 「케이블구조 설계기준 및 해설 2009」, 「막구조 설계기준 및 해설 2010」은 이미 그간의 많은 연구와 보완을 거쳐 학계에서 인정해주는 KDS에 한 장을 차지하고 있습니다. 근래 들어 막구조물의 시공 및 설계실적이 질적/양적으로 현저한 팽창을 맞을 수 있었던 것은 이러한 기술적 제도적 기반이 완비되었기 때문이라고 생각합니다.

최근 실내스포츠의 활성화에 따른 대형 경기장뿐 아니라 기후변화 및 재난에 대비하는 대규모 피난시설을 포함하는 대공간 구조물의 건설에 대한 요구가 높아지고 있습니다. 특히, 계절에 상관없이 미세먼지가 심해지고 지진재난 등 자연재해의 우려가 커지는 상황에서 비교적 쉽게 대형 공간을 창출해 낼 수 있는 공기막구조물의 건설이 요구되고 있습니다.

이러한 거대한 규모의 공기막구조물은 기존 건축물에 비해 많은 특수성을 가지고 있으므로, 공기막구조물을 설계하는 경우 기존 건축물에 사용된 방법과는 다른 접근방법이 필요합니다. 따라서 국내의 공기막구조물에 대한 신뢰성과 안전성, 수준 높은 기술력, 경제적 시공성 등을 확보할 필요성이 대두되고 있습니다. 본 설계지침서에서는 현재까지의 국내외 연구결과, 시공경험, 관련 기준들을 연계하여 공기막구조물에 대한 기술적인 기본사항과 공기막구조물의 개별 계획에 관한 가이드라인, 방재 및 유지관리에 대한 사항을 제시하고자 합니다. 이를 기점으로 근래에 부는 공기막구조의 붐을 공기막구조물의 발전 및 부흥의 밑거름이 되길 바라는 마음입니다.

이 책이 만들어지기까지 공간구조학회의 역할이 가장 컸으며, 집필자, 자문위원 그리고 직·간접적으로 참여해주신 모든 분들께 지면으로 감사의 말씀을 전합니다.

감사합니다.

2021년 5월

집필위원장 **김 재 열**

목 차

제1장 총 칙

제2장 구 조

목 차

제3장 방재피난

제4장 유지관리

제 1 장

총 칙

제1장 총칙

1.1 설계지침서의 개념

본 설계지침서는 구조용 막재(structural membrane)를 공기로 지지하는 공기막 부분이 전체 구조물의 주요 구조용 부재로 사용될 경우 해당 막 건축물 또는 부속 기구들의 구조방법에 관한 안전상 필요한 기술적 지침 및 기본 사항을 서술한다.

해설

1. 최근 지붕이 있는 대형 경기장뿐 아니라 대규모 피난시설을 포함하여 대공간 구조물의 건설에 대한 요구가 높아지고 있다. 특히, 계절에 상관없이 미세먼지가 심해지고 지진재난 등 자연재해의 우려가 커지는 상황에서 비교적 쉽게 대형 공간을 창출해 낼 수 있는 공기막구조물의 건설이 요구되고 있다.
2. 거대한 규모의 공기막구조물은 기존 건축물에 비해 많은 특수성을 가지고 있으므로, 공기막구조물을 설계하는 경우 기존 건축물에 사용된 방법과는 다른 접근방법이 필요하다. 또한, 이러한 건축물에서는 각각의 계획에 따른 개별 조건에 의한 특이성이 강할 것으로 예상된다.
3. 따라서 국내의 공기막구조물에 대한 신뢰성과 안전성, 수준 높은 기술력, 경제적 시공성 등을 확보할 필요가 대두되고 있다. 본 설계지침서에서는 현재까지의 국내외 연구결과, 시공경험, 관련 기준들을 연계하여 공기막구조물에 대한 기술적인 기본사항을 제시한다.
4. 본 지침서는 공기막구조물의 개별 계획에 관한 가이드라인, 방재 및 유지관리에 대한 사항을 규정하고 있다. 막재 자체의 해석 및 설계 방법, 내구성 규정, 접합 및 정착 방법, 제작방법은 건축구조기준을 만족하여야 한다.
5. 본 설계지침서에 없는 내용이나 명확하지 않은 부분에 대해서는 전문학회의 검토를 받아야 한다.

1.2 적용범위

본 지침서는 다음 각 호에 해당하는 공기막구조물의 설계를 목적으로 한다.

(1) 용도

주 용도는 전천후 스포츠 시설을 포함한 무주 공간구조물을 대상으로 한다.

(2) 형태

평면형태는 기본적으로 원형, 타원형, 직사각형 등으로 하며 건축적인 요구에 따라 다양한 형태로 할 수 있다. 저면에서 지붕면까지의 높이는 형태 및 구조적 제한사항에 의한다.

(3) 건설 지역

다설 지역을 포함한 전국을 대상으로 한다.

(4) 구조

- 지붕면은 막재로 구성되며 필요 시 케이블로 구성된다.
- 지붕면은 공기압력에 의해 지지된다.
- 막재는 「건축구조기준 KDS 41 00 00」에 제시된 재료와 그 외 구조적 안전성, 방재 계획에 문제가 없는 재료로 한다.
- 케이블은 지중 앵커 및 경계구조 (압축 링)에 연결하여 지지한다.

(5) 운전 유지

송풍기로 가압하여 내압을 유지한다.

해설

공기막구조물은 건축주와 전문기술자가 협의하여 용도와 내구연한에 맞는 재료선택과 방재계획을 적절히 수립한다. 본 항목은 본 설계 지침서의 적용 범위를 나타낸 것이다.

(1) 용도

공기막구조물은 실내 축구장, 실내 야구장을 포함한 실내경기장 등의 스포츠 시설 뿐 아니라 집회, 전시회, 저장고 등 다양한 용도로 사용될 수 있다. 〈그림 1.1〉은 국내·외에 적용된 공기막구조물을 예시로 나타내고 있다.

- 스포츠시설

  야구, 축구, 아이스하키, 복싱, 레슬링, 모터스포츠, 그 외 스포츠
- 집회용 임시시설

  공공 단체 등의 행사, 정치 집회·종교 집회, 콘서트, 서커스
- 전시회 시설

  박람회, 바자회
- 저장고 시설

  석탄저장고, 폐기물처리장
- 기타 시설

  대공간이 요구되는 시설

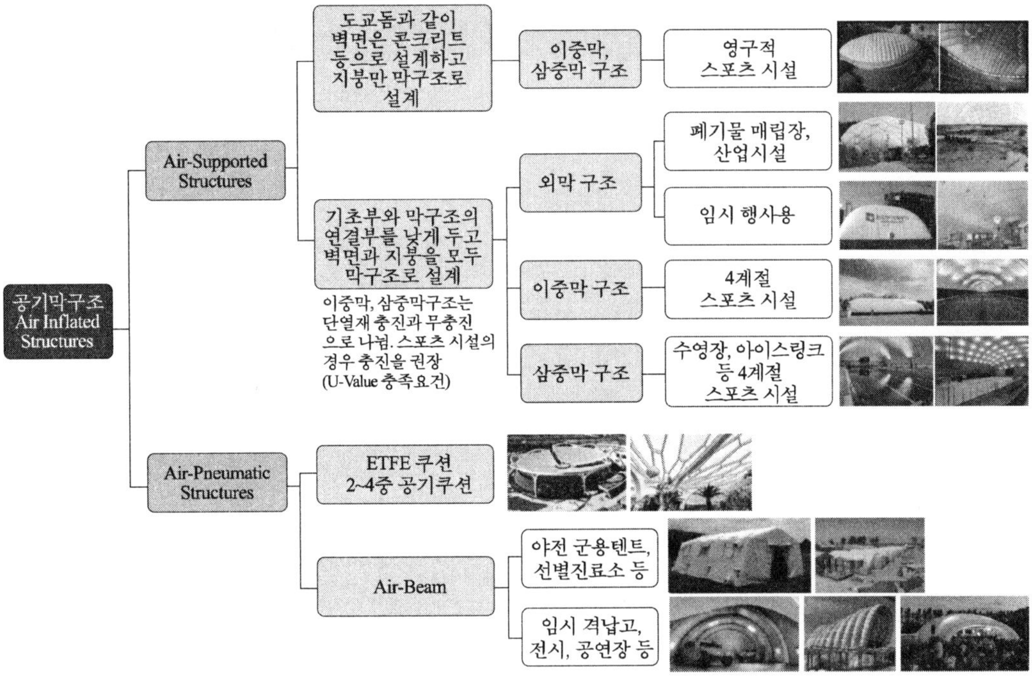

<그림 1.1> 공기막구조 용도 예시

(2) 규모 및 형태

규모 및 형태는 상기의 용도에 따라 다양하게 할 수 있다.

(3) 건설 지역

공기막구조는 시내 혹은 시내와 가까운 주변 지역에 건설될 가능성이 높다. 그러나 폐기물처리장, 운동시설 등은 기후와 관계없이 사용할 수 있는 장점 때문에 눈, 비가 많이 내리는 지역에 건설될 수 있다. 따라서 건설 지역은 다설, 폭우 지역도 포함한다. 다설 지역에서는 공기막구조물의 특성상 구조안전성을 확보하기 위해 본 설계지침서의 내용을 확인한다.

(4) 구조

- 본 설계지침서는 내부 공간이 가압된 상태인 내압에 의해 지지되는 공기 지지막구조(Air-Supported-Structure)를 대상으로 하고 있다.
- 막재는 「건축구조기준 KDS 41 00 00」에 제시된 섬유 직물로 내구성, 내후성, 방화성이 우수한 제품 사용을 기본으로 하며, 필요에 따라 구조적 안전성을 확보할 수 있고 용도에 따른 방재 계획에 문제가 없는 재료를 사용할 수 있다.
- 「건축구조기준 KDS 41 00 00」에 설명이 없는 막재를 사용할 시에는 전문학회 혹은 건축구조기술사의 검토를 받아 본 설계지침서의 내용을 만족하는지 확인하여야 한다.

- 공기막구조 건축물에서는 케이블을 정착할 수 있도록 막구조 하부에 접하여 경계구조물을 설치한다. 압축링 구조가 없을 시는 케이블 정착용 개별 앵커링을 해도 무방하다.
- 지붕면의 높이는 라이즈/스팬 비를 고려한 형태 및 구조적 제한사항에 의한다.

(5) 운전 유지

공기막구조의 내압 유지를 위해 송풍기를 상시 가동한다.

1.3 용어

지침서 전반에 사용된 「용어」는 다음과 같은 뜻을 갖는다.

해설

- 공기막구조 : 구조용 막재를 사용하여 내압에 의해 지지되는 구조
- 막재 : 직포, 코팅재에 따라 구성된 재료
- 필름막재 : 직포없이 고강도 수지로 만들어진 투명/불투명막재
- 인장강도 : 재료가 견딜 수 있는 최대 인장응력
- 인열강도 : 막 재료의 미리 절단된 슬릿에 힘을 가하여 초기에 발생된 인열을 규정거리만큼 전파시키기 위한 힘
- 인플레이트 상태 : 실내가 가압상태이고 외부 대기압보다 높아 실내와 외부의 압력 차이에 의해 지붕면이 유지되고 있는 상태(가압상태 또는 내압유지상태)
- 디플레이트 상태 : 내부 압력을 소실한 상태(압력소실상태 또는 내압소실상태)
- 내압 : 공기막구조를 형성하기 위한 내부압력
- 폰딩 : 물 고임 현상. 빗물 또는 융설수가 지붕면 위에서 체류하여 지붕면을 처지게 하고, 이 처짐에 의해 우수 등의 체류가 더 집중하여 처짐이 증가하는 등의 불안정한 상태
- 라이즈/스팬 비: 공기막구조물의 기준 수평면에서 상향으로 측정한 높이/스팬 비
- 막패널 : 막 재료로 제작된 하나의 유닛
- 변장비 : 구조물의 가로/세로 길이 비율
- 공기막구조 지붕 : 막재 및 케이블로 구성된 상부구조
- 지지구조 : 케이블을 정착할 수 있도록 막구조 하부에 접하여 설치하는 경계구조물 혹은 압축링이나 일반 구조재료로 이루어진 하부구조를 통칭함

제2장

구 조

제2장 구조

2.1 구조계획

2.1.1 기본사항

1. 공기막구조물은 내압을 통해 하중 및 외력에 대한 인플레이트 상태를 유지하고 역학적 안정을 유지한다.
2. 공기막구조물은 인플레이트 상태 및 디플레이트 상태에서 하중 및 외력에 대하여 안전한 구조로 한다. 이 경우 「2.3 구조 설계」에서 정하는 바에 따라 강풍 및 지진에 대해 인플레이트 상태에서의 구조적 안전성을 확인함과 동시에 적설에 대해서는 인플레이트 상태 및 디플레이트 상태에서의 구조적 안전성을 확인한다. 그러나 적설에 대해서는 내부의 승압에 의한 인플레이트 상태가 구조적 안전성을 확보하는 것이 어려운울 경우 융설장치를 고려한다.
3. 공기막구조물의 구조 내력상 주요한 부분은 인플레이트 상태 및 디플레이트 상태에서 하중 및 외력에 의해 발생하는 응력에 대하여 필요한 강도, 강성 및 인성을 가져야 한다는 것이다.
4. 공기막구조물에 사용되는 건축 자재 및 구법은 건축주와 협의하여 용도와 내구연한에 맞게 선택하고 적절한 방재계획을 수립한다.

해설

1. 공기막구조물에서는 인플레이트 상태를 유지하는 것이 원칙이다. 따라서 인플레이트 상태의 역학적 안정을 확보하는 것이 필요하다. 이 역학적 안정은 내압에 의해 확보된다. 내압은 하중 및 외력의 상태에 따라 단계적으로 설정하는 것이 가능하다(「2.4 내압」 참조). 또한 점검 및 수리, 기타 기술상 필요시, 긴급 피난 안전이 확보된 경우에는 인플레이트 상태를 유지하지 않아도 된다.
2. 공기막구조물은 인플레이트 상태에서 하중 및 외력에 대하여 안전한 구조여야 한다. 인플레이트 상태를 유지하는 것이 원칙이지만 극히 드물게 디플레이트가 발생하는 상황을 설계상 고려하여야 하며 디플레이트 상태에서도 구조안전성을 확보하여야 한다. 이 때 안전성을 확인하는 방법은 「2.3 구조 설계」에 정하는 바에 의한다. 적설하중에 대해서는 내압을 승압시킴으로써 적설하중을 지지하고 인플레이트 상태를 유지시키는 것은 이론적으로는 가능하다. 그러나 내압의 승압은 비상구 등으로부터 유출되는 공기의 유속의 증가를 초래하기 때문에 건축물의 사용성 측면에서는 바람직하지 않다. 또한 이 유

속이 너무 높아지면 비상구 등의 사용 자체에 위험이 수반된다. 이 유속은 비상구 등의 개방에 따라 건축물내의 공기가 유출하고 내압이 저하함과 동시에 저하한다. 그러나 지붕면에 적설이 많은 경우에는 급기를 하지 않고도 내압은 완전히 디플레이트 될 때까지 지붕 자중 및 적설하중과 균형을 이루기 때문에 쉽게 저하되지 않고 비상구 등 출입구의 유속도 높은 상태를 유지한다. 이러한 이유로 내압의 승압에 의한 인플레이트 상태만으로는 구조적 안전성의 확보가 불가능하거나 또는 건축물의 사용성 측면에 바람직하지 않을 때 융설하는 것이 적절하며 이 경우에는 융설과 동시에 제설 대책도 고려한다.

2.1.2 기본형상

2.1.2.1 지붕면 형상

1. 지붕면은 소요 내압에 의해 적정한 강성을 확보하고 적설 및 풍압에 의한 폰딩 발생이 없는 형상으로 한다.
2. 지붕면은 디플레이트 상태에서 막재, 케이블 및 지붕면에 매달려 있는 물건이 내부 공간 및 이용자와 접촉하지 않는 형상으로 해야 하나지만 이는 방재와 피난계획에 따라 결정한다.

해설

1. 지붕면의 안정은 내압에 의해 확보되는 것으로 한다. 지붕면의 면외 강성은 다른 구조와 비교해 작기 때문에 강풍 및 적설시의 구조물의 안정성을 높이기 위해서는 내압을 승압시켜 면외 강성을 증가시킬 필요가 있다. 또한 풍압력에 의해 일부 정압이 생기는 부분이 있는 경우에는 그 정압에 대응하기 위해 내압을 승압시키는 것이 필요하다. 이러한 경우에도 지붕면은 적설에 의해 쉽게 폰딩이 발생하지 않고, 풍압력에 대해서도 일시적으로 케이블 및 막재의 장력이 손실되는 것처럼 광범위하게 큰 정압이 발생하지 않는 모양으로 할 필요가 있다.
2. 안전성 확보를 위해서는 디플레이트 상태에서 막재, 케이블 및 지붕면에 매달려 있는 물건이 하강함으로써 인명에 위험을 주는 경우와 구조 부재에 현저한 손상이 생기지 않도록 고려해야 한다. 이를 위해서는 실내에 틀을 만들어 디플레이트 상태에서 막재 등이 직접 내부 공간 등과 접촉하지 않도록 하는 계획을 기획하는 것이 기본이지만 이러한 경우에는 틀과 막재 등과의 접촉에 의해 구조 부재에 현저한 손상이 발생하지 않도록 해야 한다. 이러한 접촉은 재해대책 및 피난계획과 관계가 있으므로 설계 시에 종합적인 측면을 고려해야 한다.

2.1.2.2 케이블 배치

1. 케이블이 필요할 경우 공기막구조 지붕 전체의 강성 및 부담 응력을 고려하여 균형 있게 배치한다.
2. 케이블은 막패널 및 경계구조에 과도한 응력 집중을 발생시키지 않게 배치한다.

해설

케이블 보강이 필요한 경우 구조설계에 따라 공기막 지붕전체의 강성 및 응력을 고려하여 적절한 케이블 배치를 고려한다.

2.1.2.3 막패널 형상

막패널은 상시 내압 시 적정 장력도입 상태가 되는 곡면 형상으로 한다.

해설

일반적으로 막패널은 상시 내압 시에 등장력 곡면을 형성하도록 설계하는 것이 바람직하다. 이것은 막재의 크리프 균등화 및 응력 집중의 최소화를 위한 것이다. 그러나 변장비가 큰 막패널은 이러한 곡면을 형성하는 것이 어렵다. 이러한 경우 주름 발생이 없고 적정 장력이 도입된 상태가 되도록 곡면 형상을 선택해야 한다. 막패널의 라이즈/스팬를 크게 하면 막에 발생하는 응력을 작게 할 수 있지만, 과도한 라이즈/스팬비는 막패널의 단부에 주름 발생과 장력소실이 발생하기 쉬우므로 바람직하지 않다.

2.2 재료

2.2.1 막재

2.2.1.1 재료와 조성

1. 막재는 「건축구조기준 KDS 41 00 00」에 제시된 섬유 직물로 내구성, 내후성, 방화성이 우수한 제품 사용을 기본으로 한다. 「건축구조기준 KDS 41 00 00」에 명시되지 않은 재료라 할지라도 구조적 안전성을 확보 할 수 있고 용도에 따른 방재 계획에 문제가 없는 경우 사용할 수 있다. 막재는 사용기간 동안 목표 성능을 유지하는 것으로 한다.

2. 막재는 구조물의 내구연한 중에 교체가 가능하나 이를 고려하여 막재의 등급을 난연재로 낮춘 경우에는 구조적 안전성을 확보하고 상기에서 명시한 방재피난 부분의 내화성능과 내구성능을 보증해야 한다. 이 때 제조회사에서 막재 보증기간을 서류로 제출할 수 있어야 한다.
3. 막재 상호간의 접합은 신뢰성이 높은 방법으로 하고, 이 외의 방법으로 한을 활용한 접합은 별도 실험 등을 통해 접합 효과를 확인해야 한다.

해설

1. 막재는 「2.2.1.2 품질·기본성상」에서 나열한 시험항목을 통해 구조 목적과 방재 계획에 따른 성능을 만족하는지 확인할 필요가 있다. 구조물의 내구연한과 막재의 수명, 재해대책 비용 등을 종합적으로 고려하여 막재를 선정해야 한다.「건축구조기준 KDS 41 00 00」에 설명이 없는 막재를 사용할 시에는 전문학회 혹은 건축구조기술사의 검토를 받아본 설계지침서의 내용을 만족하는지 확인하여야 한다.
2. 막재는 구조물의 내구연한 중에 교체가 가능하나 이를 고려하여 막재의 등급을 난연재로 낮출 경우, 이 또한 상기에서 명시한 방재피난 부분의 내화성능과 내구성능을 보증할 수 있어야 한다. 준불연재 등급의 막재가 난연재 등급의 막재보다 시공성이 떨어지지만 외부 충격이나 재해에는 강하므로 난연재 등급의 재료를 사용할 경우 재해대책에 보다 많은 비용이 발생할 수 있다. 설계 시 이 사항을 종합적으로 고려하여 판단해야 한다. 여기서 말하는 구조용 막재의 내구성능은 인장강도의 약 80% 이상을 유지하는 것을 의미한다.
3. 여기서 언급하는 막재는 구조용 외막으로 사용되는 것으로 단열 등의 목적으로 사용되는 내막은 포함하지 않는다. 다만 내막의 경우도 방재피난 부분 혹은 실내 공기질 측면을 고려하여 선택되어야 한다.
4. 막재 상호 간의 접합 방법은 사용재료에 따라 FEP 필름 열용착 방법, 고주파접합 등이 있으며 접합의 안전성을 확보하기 위하여 접합부실험 등을 통해 접합 효과를 확인한다.

2.2.1.2 품질·기본성상

막재의 품질 및 기본 성상은 「건축구조기준 KDS 41 70 01 : 2016 막과 케이블 구조」에 명시한 「3.1 막구조의 재료(막재)」 항목을 따른다.

해설

1. 「건축구조기준 KDS 41 70 01 : 2016 막과 케이블 구조」에서는 구조내력상 주요한 부분에 사용하는 막재에 대해 적합해야 하는 기준을 제시하고 있다. 해당 부분에는 막재의 구성, 막재의 강도 및 내구성, 막재의 분류, 직포의 구성 및 섬유밀도, 막재의 두께에 대해 서술하고 있으므로 해당 항목을 따른다.
2. 품질 및 기본 성상에 대해서는「건축구조기준 KDS 41 70 01 : 2016 막과 케이블 구조」에 명시한 내용

이외에, 육안검사를 통해 코팅재 및 직물에 이상이 없는지 확인해야 한다.

2.2.1.3 막재의 접합부의 성상

구조내력상 주요한 부분의 막재 상호간 접합은 「건축구조기준 KDS 41 70 01 : 2016 막과 케이블 구조」에 명시한 「4.3 막재의 접합부 설계」를 따른다.

해설

용착 접합부 강도의 신뢰성은 용착 가공 관리, 검사 방법 등에 의해 영향을 받기 때문에, 2.3.5.2에 설명한 막재 용착 접합부의 인장 강도를 가지고 있는지를 확인한다. 또한 용착 폭에 대해서는 내구성을 고려하여 설정한다.

2.2.1.4 막재의 성능

1. 막재 및 접합부는 적절한 시공 및 정확한 유지관리 하에 소정의 사용기간 내에 구조용 재료로서의 필요한 성능을 갖는 것으로 한다.
2. 막재의 성능은「건축구조기준 KDS 41 70 01 : 2016 막과 케이블 구조」에 명시한 「3.2 막재의 강성 및 강도」 항목을 따라 측정한다.

해설

1. 성능 확인 방법에 대해서는 「건축구조기준 KDS 41 70 01 : 2016 막과 케이블 구조」에 따른 시험을 실시하는 것으로, 막재를 정확하게 평가하고, 막재 안전율 설정, 유지관리, 시공 관리 등의 자료로 사용한다.
2. 「건축구조기준 KDS 41 70 01 : 2016 막과 케이블 구조」의 「3.2 막재의 강성 및 강도」 부분에는 직물의 휨 강성 측정, 인장강도 및 인장신율 측정, 인열강도, 코팅재 층의 접착강도, 인장 크리프, 반복하중을 받는 경우의 인장강도 측정, 접힘 인장강도, 내후성, 습윤 시 인장강도, 고온 시 인장강도, 내흡수성에 대해 서술하고 있으며 해당 항목을 따른다.

2.2.1.5 설계용 탄성계수

설계용 탄성계수는 다음의 여러 정수에 대하여 실제에 적합한 시험 방법에 의해 측정된 값으로 한다.

(1) 종방향 인장강도

(2) 횡방향 인장강도
(3) 종방향에 대한 포아송 비
(4) 횡방향에 대한 포아송 비
(5) 전단 강성

해설

막재를 통상의 탄성체로 가정하는 것은 여러 측면에서 무리가 있지만, 실제 조건을 고려하여 해석을 실시하기에는 상당한 어려움을 수반한다. 또한 이 재료는 비선형성이 강하고 점탄성체이므로 실용적인 응력 범위에서는 선형 탄성체로 가정할 수 있다. 하지만 이방성이 강한 재료이므로 이방성의 특성을 적정하게 평가하지 않으면 해석상 큰 오차가 생길 수 있다.

막재료의 인장 강성은 1축 인장 시험으로 구할 수 있다. 그러나 1축 인장 시험에서 구할 수 있는 포아송 비의 값은 실상과 크게 다르기 때문에 2축 인장 시험 또는 내압 시험으로 구하는 것이 바람직하다. 전단 강성은 막재료를 실린더 모양으로 내압과 비틀림을 가하여 측정하는 시험 방법, 또는, 막재료의 실방향 이외의 방향으로 인장 시험에 의해 전단 강성을 평가하는 방법이 행해지고 있지만, 모두 시험 조건에 따라 값이 좌우되므로 주의가 필요하다. 전단 강성은 해석상 그 값이 높으면 응력 평가는 낮게 얻어지는 것이 일반적이기 때문에 과대평가가 되지 않게 값을 설정할 필요가 있다.

2.2.1.6 그 외의 사항

막재의 구성·사양에 큰 변경이 있을 경우에는 「2.2.1.4 막재의 성능」에 설명한 시험 항목에 대해 시험을 실시하여, 동등 이상의 성능을 확보할 수 있는지 확인한다.

해설

구성·사양에 큰 변경이 있는 경우, 각 시험 항목 중 관련 항목에 대한 재시험을 실시하여 본 기준에서 설정한 재료 안전율 등의 확인이 필요하다.

2.2.2 케이블

1. 케이블은 「건축구조기준 KDS 41 70 01 : 2016 막과 케이블 구조」에 적합한 것 또는 이와 동등 이상의 강도, 성능이 확인된 것으로 한다.
2. 설계용 계수는 건축구조기준의 수치를 사용할 수 있다. 그러나 적절한 시험 및 평가를 행한 경우는 이에 따르지 않아도 된다.

해설

1. 「건축구조기준 KDS 41 70 01 : 2016 막과 케이블 구조」에서는 구조용 스트랜드 로프, 구조용 스파이럴 로프, 구조용 록 코일 로프, 구조용 평행성 스트랜드, 피복 평행선 스트랜드, PC 강연선을 표준으로 하고 있다.
2. 케이블 재료의 성질에 대해서는 「건축구조기준 KDS 41 70 01 : 2016 막과 케이블 구조」에서 명시한 내용을 따른다. 해당 부분에는 파단하중, 초기신장, 탄성계수, 크리프, 선팽창 계수에 대해 서술하고 있으므로 해당 항목을 따른다.

2.2.3 그 외의 재료

그 외의 재료의 품질 및 재료 성능은 「건축구조기준 KDS 41 00 00」 및 한국 산업 규격 등 관련 기준 및 표준 등을 따른다.

해설

막 부착 철물, 소켓 커버 등에 사용되는 알루미늄 합금, 강재, 스테인리스강재 등에 대해서는 한국 산업 규격에 적합한 것을 사용한다. 접합부를 보호하는 기밀재는 클로로프렌계 고무 재료 등을 활용하는데, 이들은 고품질의 내구성이 있는 재료로 한다. 그 외 합성 섬유 로프 등은 한국 산업 규격에 적합한 것을 사용한다.

2.3 구조설계

2.3.1 구조계산의 원칙

1. 구조 계산은 공기막구조물에 작용하는 하중 및 외력을 적절하게 평가함과 동시에 하중 및 외력에 의해 발생하는 건축물의 거동을 평가하고 구조물의 구조적 안전성을 확인한다.
2. 막구조 지붕 구조 계산은 다음 각 호를 따른다.
   (1) 인플레이트 상태 및 디플레이트 상태에 대해 「2.3.2 하중 및 외력」에 규정하는 하중 및 외력에 의해 막구조 지붕의 구조 내력상 주요한 부분에 생기는 응력이 「2.3.3 재료의 허용응력」에 규정하는 재료의 허용 내력 이하인 것을 확인한다.
   (2) (1)에 대해 해석을 할 경우에는 「2.3.4 구조해석 방법」에 규정하는 바에 따른다.

해설

1. 공기막구조물은 원칙적으로 허용응력 설계법에 의해 안전성 검토가 가능하다. 즉, 재료 강도에 대해서는 적절한 재료 안전율로 나눈 허용 값, 하중 및 외력에 대해서는 종래 사용하고 있는 값과 동등 또는 적정한 재현 기간에 따른 값을 사용하여 각 부분의 재료 강도가 하중 및 외력에 의해 발생하는 응력(하중 효과)보다 큰 것을 검증함으로써 안전성을 확인할 수 있다. 지지구조는 사용되는 구조 재료와 [KDS 41 00 00 건축구조기준]을 따라 안전성을 확인한다.
2. 본문의 제1항은 구조 계산 방법의 기본 원칙을 언급한 것으로 제2항은 이 기본 원칙에 따른 구체적인 방법 중 하나이다. 제2항에서 구조 계산은 허용 응력을 기반으로 하며 두 단계(인플레이트 상태와 디플레이트 상태)의 안전성 확인을 언급하였다.
   인플레이트 상태에서의 구조적 안전성 확인은 기존 건축물에 사용되는 동등의 하중 및 외력에 대해 인플레이트 상태를 유지하는 동시에 발생하는 응력이 허용 내력 이하가 되는 것을 검토하는 것이다.
   디플레이트 상태에서의 구조적 안전성 확인은 디플레이트 상태에서 막구조에 응력이 가해지는 경우 안전성을 검토하는 것이다. 이 경우에서는 디플레이트 이후 적설 상황이 문제가 되므로 적설하중에 대한 안전성 검증을 실시해야 한다.
   본문에 사용하고 있는 "구조 내력상 주요한 부분"이라 함은 「건축물의 구조 기준 등에 관한 규칙」 제3조에 정의된 것을 나타낸다. 공기막구조물의 공기막구조 지붕에서는, 막재, 케이블 등도 포함된 것이다. 본 지침서는 공기막구조 지붕의 구조설계를 언급하고 있으므로 타 재료로 이루어진 하부 구조의 구조 계산에 대해서는 「건축구조기준 KDS 41 00 00」을 따라야 한다.

2.3.2 하중 및 외력

2.3.2.1 하중 및 외력의 종류와 조합

1. 공기막구조 지붕에서 고려해야 할 하중은 [건축구조기준 KDS 41 10 15 : 2019 건축구조기준 설계하중]에 따른다. 다만 공기막구조의 형식, 구법, 시공법 등에 따라 특별히 발생하는 하중은 실제 상황을 고려하여 적절히 산정한다.
2. 공기막구조의 구조설계에 적용되는 설계하중은 [KDS 41 70 01 막과 케이블 구조]에 명시한 설계하중에 따르며 다음과 같다.
   (1) 고정하중(D)
   (2) 활하중(L)
   (3) 적설하중(S)
   (4) 풍하중(W)
   (5) 지진하중(E)

(6) 내부압력(Pi)

3. 공기막구조의 허용응력설계법에 따른 하중조합은 다음을 표준으로 한다.

(1) 인플레이트 상태

인플레이트 상태의 하중조합은 [KDS 41 70 01 막과 케이블 구조]에 명시한 하중조합에 따르며 가장 불리한 경우로 설계한다.

(2) 디플레이트 상태

디플레이트 상태에 대한 하중 및 외력의 조합은 D + L + S로 하고, 단기 하중으로 취급한다.

3. 그 외의 하중 및 외력은 실제 상황에 따라 고려한다.

해설

1. 공기막구조 지붕의 구조 설계 시 검토해야하는 하중의 종류는 건축구조기준에 명시된 고정하중, 적재하중, 적설하중, 풍압력 및 지진하중에 공기막구조 특유의 하중 인 내압을 추가한 6종류로 하고, 필요 시 실제상황을 고려한 하중을 적용한다.
2. 인플레이트 상태의 허용응력법 하중조합을 사용하는 것으로 하고 하중 및 외력의 조합은 허용응력설계법에 따른 하중조합에 내압을 추가한 것을 기본으로 한다. 다설 지역에서 우려되는 적설 시의 폭풍 혹은 적설 시의 지진 등 복합 상황에 대해서 내압증가로 인한 사용성에 문제가 있다고 판단되는 경우 융설 시스템을 설치하는 것을 원칙으로 하고 있고, 적설 시 융설 시스템이 작동하지 않는 상황과 구조물에 피해를 줄 수 있는 폭풍 혹은 지진이 동시에 발생하는 확률은 매우 낮기 때문에 적설하중과 풍하

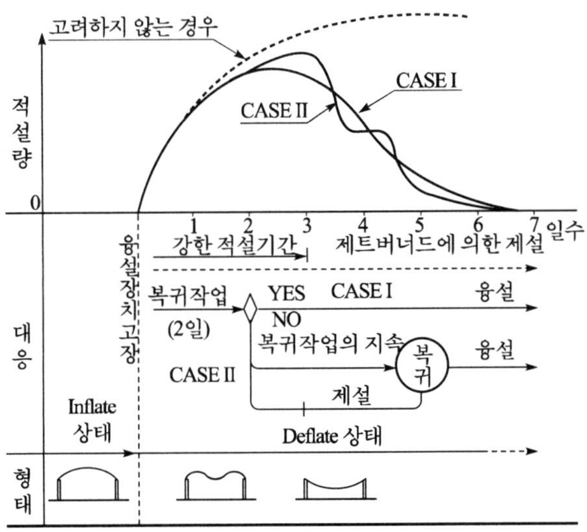

<그림 2.1> 디플레이트 상태의 예

중 혹은 지진하중을 동시에 고려하는 하중조합은 고려하지 않는다.

3. 인플레이트 상태의 유지는 송풍 시스템, 융설 시스템 등 설비의 기능에 의존하고 있다. 따라서 강설 시에 시스템이 상기의 설비 기능이 유효하게 작동하지 않는 경우를 가정하여 지붕면의 디플레이트 상태 시에도 구조체에 지장이 없는지 확인한다. 적설하중이 작용하는 기간은 시스템이 기능하지 않는 시점부터 복구될 때까지로 매우 짧다. 내부 공간은 본래의 용도에 사용되지 못하여 내부에 일반인이 들어가지 않는 특수한 상태이기 때문에 단기 하중으로 고려한다(그림 2.1 참조).

〈그림 2.1〉은 눈이 많은 지역에서는 강한 강설이 3일 이상 지속되는 경우가 적고, 강한 강설 후에는 강설 중간에 눈이 오지 않는 날이 며칠 있다는 기상 조건 하에 융설 시스템이 기능을 하지 않을 시기와 강한 강설이 발생하기 시작하는 시기가 겹치는 가장 불리한 상황을 설정하고, 그 이후의 대책에 관해서 모델링한 것이다.

2.3.2.2 고정하중 및 활하중

공기막구조 지붕 각 부분의 고정하중 및 활하중은 실제 상황에 따라 산정하며 「건축구조기준 KDS 41 00 00」을 따른다.

해설

지붕면의 고정하중 및 활하중은 지붕에 사용되는 다양한 재료의 자중 외에, 음향·조명·배연 등의 설비 기기 등과 같은 지붕에 고정되는 것의 자중을 고려한다. 큰 집중 하중이 작용하는 경우에는 국부적인 변형이 생기지 않도록 복수의 케이블 교차점에 하중을 분산시키는 등의 계획이 필요하다.

2.3.2.3 적설하중

1. 공기막구조 지붕의 적설하중은 「건축구조기준 KDS 41 00 00」을 따른다.
2. 융설 시스템을 설치하지 않는 경우에는 인플레이트 상태 및 디플레이트 상태의 적설하중은 동일하며 건축구조기준에 따라 산정한다.
3. 융설 시스템을 설치한 경우라도 퇴적적설의 위험이 있으므로 인플레이트 상태 및 디플레이트 상태의 적설하중은 동일하게 고려하여야 하며 건축구조기준에 따라 산정한다.

해설

1. 적설하중에 대해 내압을 함부로 승압하면 내부 환경에 지장을 초래하는 원인이 되고 또한 이러한 상황에서 피난상의 안전성에도 문제가 발생한다. 따라서 인플레이트 상태에서 받는 적설하중이 허용 값을

초과하지 않는 범위 내에서는 인플레이트 상태로 유지할 수 있지만 이를 넘어서 하중이 발생하는 경우에는 융설 시스템을 설치하는 것이 필요하다.

2. 막재에 대해서는 빈도가 높은 적설에 대한 안전성에 대해 확인하고 용이하게 복구할 수 있도록 고려하여 설계하여야 한다. 적설 혹은 어떤 원인에 의해 공기막구조가 디플레이트 되었을 때 주요 구조부재인 케이블 및 경계구조의 안전성을 확인해야 한다.
3. 설계용 지붕적설하중은 기본지상적설하중을 기준으로 하여 기본지붕적설하중계수, 노출계수, 온도계수, 중요도계수 및 지붕의 형상계수와 기타 재하분포상태 등을 고려하여 산정하며 건축구조기준을 따른다. 지붕면 각 부분의 적설 깊이가 크게 다른 경우에는 국부적설하중에 대해서도 고려해야 한다.
4. 공기막구조물을 설계 시 융설 시스템의 유무나 실제 상황에 따라 적설하중을 산정해야 하지만 융설 시스템을 설치한 경우라도 고장으로 인해 디플레이트 상태에 도달할 수 있으므로 인플레이트 상태 및 디플레이트 상태 모두 적설하중은 동일하게 고려하여야 하며 건축구조기준에 따라 산정한다. 다만 설계 시 산정된 적설량을 넘는 적설하중이 예상되는 경우, 폰딩 등 공기막구조에 심각한 영향을 미치는 처짐 등을 방지하기 위해 융설시스템을 권장하며 이는 보조의 개념으로 볼 수 있다.

2.3.2.4 풍하중

1. 공기막구조 지붕의 풍하중은 「건축구조기준 KDS 41 00 00」을 따른다.
2. 공기막구조는 [건축구조기준 KDS 41 10 15 : 2019 건축구조기준 설계하중]의 특별풍하중 중 "경량이며 강성이 낮아 공기력불안정진동 거동을 하는 지붕골조"인 "특수한 지붕골조"에 해당하여 풍동실험에 따라 특별풍하중으로 산정하는 것이 원칙이나지만 풍압계수가 정밀하게 추정되어 그 거동이 명확한 경우나 수치해석을 통해 검증할 수 있는 경우는 예외로 한다.
3. 풍하중 작용 시 막재와 케이블이 간에 분리 현상이 발생할 수 있으므로 이를 예방할 수 있는 방안을 마련해야 한다.

해설

1. 공기막구조물은 낮은 라이즈/스팬비로 형상이 균일하기 때문에 풍하중의 박리점 위치 이동이나 풍압력의 형상에 변화를 가져올 변형은 발생하지 않을 것으로 사료되므로 풍압 계수는 초기 형상을 사용하여 산정할 수 있다.
2. 공기막구조는 [KDS 41 10 15 건축구조기준 설계하중]의 특별풍하중 중 "경량이고 강성이 낮아 공기력불안정진동 거동을 하는 지붕골조"인 [특수한 지붕골조]에 해당하여 풍동실험에 따라 특별풍하중으로 산정하는 것이 원칙이지만 풍압계수가 정밀하게 추정되어 그 거동이 명확한 경우나 수치해석을 통해 검증할 수 있는 경우는 예외로 할 수 있다.

2.3.2.5 지진하중

지진하중은 「건축구조기준 KDS 41 00 00」의 지진하중에 의한다.

해설

일반적으로 공기막구조의 지붕은 경량이면서 고유 진동수는 낮기 때문에 케이블 및 막구조는 내진 설계상 특별히 검토할 필요는 없다. 그러나 경계 구조 및 하부 구조를 통칭하는 지지구조의 설계에서는 각 설계법에 따라 지진하중을 고려한다.

2.3.2.6 내압

2.4 「내압」에 표시된 상시 내압, 강풍 시 내압 또는 적설 시 내압을 사용한다.

해설

「내압」에 따라 적절한 상시 내압, 강풍 시 내압 및 적설 시 내압을 설정하고 공기막구조 지붕의 응력 및 변형의 산정에 사용하여야 한다.

2.3.3 재료의 허용응력

2.3.3.1 막재

1. 막재의 허용인장응력은 「건축구조기준 KDS 41 70 01 : 2016 막과 케이블 구조」에 명시한 [4.1.3 막재의 허용인장응력]에 따른다.
2. 막재의 강도 저하 요인을 반영한 자세한 실험 등에 근거한 경우에는 상기 허용인장응력에 따르지 않아도 된다.

해설

1. 막재의 허용인장응력은 형상 및 접합 상황에 따라 건축구조기준으로 정하고 있다.
2. 막재의 실제 사용 계획에 따라 강도 저하 요인을 반영한 자세한 실험 등에 근거하여 결과를 제시할 경우 기준에서 설정한 허용인장응력에 의거하지 않아도 된다. 강도저하의 요인은 아래와 같다.
   - 피로에 의한 강도 저하
   - 습윤 시의 강도 저하
   - 크리프에 의한 강도 저하
   - 절곡 후 강도 저하

- 비바람에 의한 강도 저하
- 용착에 의한 강도 저하
- 온도 변화에 의한 강도 저하

2.3.3.2 케이블

케이블 재료의 장기 및 단기허용인장력은 「건축구조기준 KDS 41 00 00」에 따른다.

해설

케이블 재료의 장기 및 단기허용인장력은 「건축구조기준 KDS 41 00 00」에 규정된 값을 사용한다.

2.3.3.3 그 외의 재료

막 부착 철물, 소켓 커버 등에 사용하는 알루미늄 및 강재 등의 허용응력은 「건축구조기준 KDS 41 00 00」 혹은 이에 상응하는 설계 기준에 규정된 값을 사용한다.

해설

막 부착 철물인 정착 플레이트는 알루미늄 및 강재 등이 사용되며 소켓 커버류에는 알루미늄 등이 사용된다. 이러한 재료를 구조재로 사용하는 경우에는 건축구조기준 혹은 이에 상응하는 설계기준에 규정된 허용응력 값을 사용하거나 실험 등을 통해 확인된 강도를 사용한다.

2.3.4 구조해석 방법

2.3.4.1 일반사항

막구조 지붕의 형상·응력·변형 및 안정성 등에 관대하여 다음과 같은 해석을 실시한다.

(1) 형상해석

(2) 응력·변형 해석

(3) 변형형상 파악

해석은 기본적으로는 수치 해석에 의한 것으로 하고 필요에 따라 실험을 통해 검증한다. 또한 그 일부 또는 전부를 실험 해석에 의한 을 통한 검토로 바꾸는 것이 가능하다. 변경할 수도 있다.

해설

공기막구조 지붕은 내압의 의해 구조안정성을 확보하는 구조물로 해석 절차를 〈그림 2.2〉에 나타냈다. 설계 곡면에 대해 적절한 해석 모델 및 초기 가정 곡면을 설정하고, 상시 내압 작용 시 균형을 이루는 형상을 결정하는 형상해석을 실시한다. 다만, 이론적 또는 수치적 해석 방법으로 형상·응력·변형 및 안정성 등을 명확하게 하는 것이 어려운 경우에는 유사성 규칙 등 충분히 유의한 실험적 방법에 의해 검토하여도 좋다.

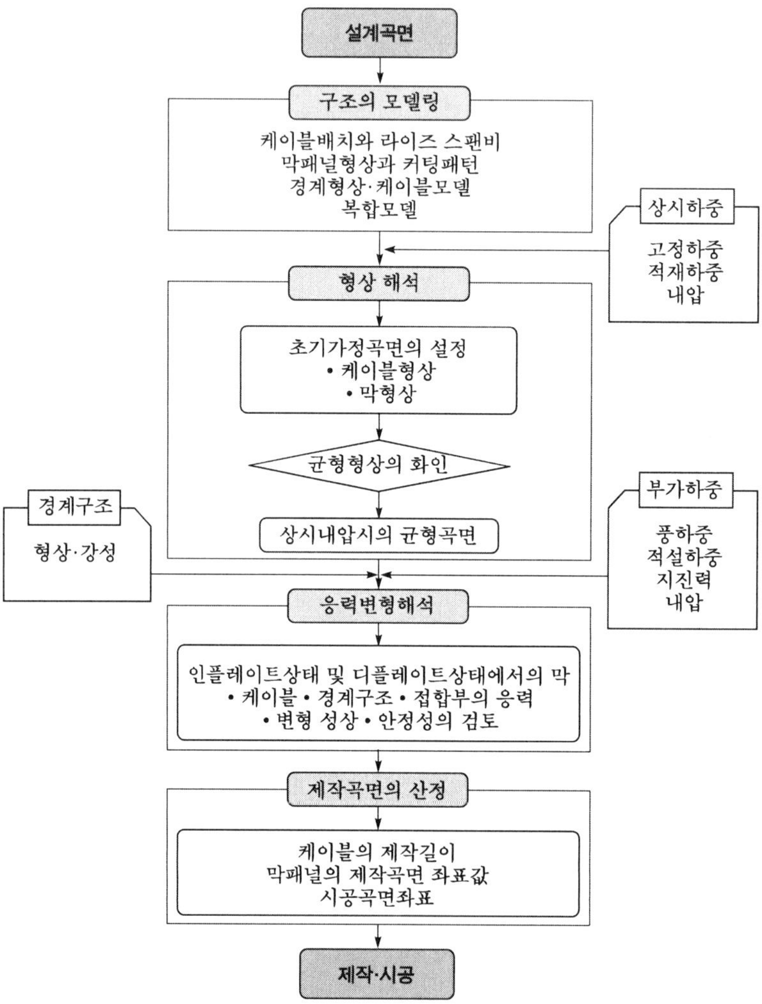

<그림 2.2> 공기막구조 지붕의 해석 절차

케이블 장력과 내압 등을 용이하게 제어할 수 있는 소규모 실험체를 이용한 실험은 케이블 배치와 기준 곡면 등에 관한 기본 계획 또는 매개변수 설정에 유효한 방법이 될 수 있다. 또한 케이블 장력이 소실 상

태에 가까워지는 내압-재하 하중 관계 시에는 수치 해석의 불안정성을 보완하는 의미에서도 실험적 해석이 유효한 방법으로 평가된다. 다음 단계에서는 각종 하중 작용 하에서 정적 구조 성능을 파악하는 응력 및 변형 해석을 실시한다. 마지막으로 주로 바람에 의한 진동을 예측하기 위해 해석 혹은 실험 등을 통한 진동 성상 파악 단계를 수행한다. 그 후에 곡면 제작, 시공 시에 필요한 데이터를 구한다. 다음은 형상해석과 응력 및 변형 해석에 관한 설명이다. 해석 방법 및 해석 결과의 타당성을 확인하기 위해 각 절점의 내외력의 평형 및 외력과 반력의 평형 등을 확인하는 것이 필요하다.

(1) 형상 해석 (초기 가정 곡면과 상시 내압 시의 평형 곡선의 산정)

초기 가정 곡면은 상시 내압 하중 계산의 초기 값으로 사용되는 케이블 및 막재의 무변형 상태에서 가정된 형상이다. 이 가정 곡면은 상시 내압 시의 곡면에 최대한 가까운 곡면으로 하고 장력이 최대한 균일하게 되는 케이블에 "느슨함"이 없는 상태의 형상으로 설정한다. 케이블 간의 막패널은 상시 내압 시에 균등한 장력을 받는 형상으로 막면에 "주름"이 발생하지 않는 것이 바람직하다. 설계 곡면은 상시 내압 시의 곡면을 전제로 하고 있지만 상시 내압 시의 곡면은 반드시 설계 곡면과 일치하지 않기 때문에 상시 내압 시의 곡면을 구조 계산상의 기준 곡면으로 한다.

(2) 응력·변형 해석

공기막구조에서의 지붕구조의 구조형태로는,

- 인플레이트 상태
- 디플레이트 상태

의 2개의 상태를 대상으로 한다.

인플레이트, 디플레이트 상태에서의 해석항목을 정리하면 다음과 같다.

〈인플레이트 상태〉

- (a) 상시 내압
- (b) 상시 내압 + 비교적 발생빈도가 높은 강풍시의 풍압력
- (c) 강풍 시 최대 내압 + 풍압력
- (d) 적설 시 최대 내압 + 적설하중

〈디플레이트 상태〉

- (a) 적설하중

(3) 변형형상 파악

구조물 사용 시 강풍으로 인한 지붕면의 과대한 변형은 사용성 측면에서 문제가 될 수 있을 것으로 예상된다. 따라서 사전에 변형형상을 파악하고 「내압」에 설명하고 있는 강풍에 의한 지붕면의 과도한 변형을 제어하고 부착물이 변형에 안전하도록 조치한다. 풍하중에 의한 진동에 대해서 대규모 실험체를 사용한 태풍 시의 지붕면 진동 성상 관찰 및 동적 모형을 이용한 풍동 실험에 의하면, 지붕면에는 풍압 변동에 의한 공진 등 자율적인 진동은 발생하지 않는 것으로 확인되어 있다.

2.3.4.2 모델링

1. 지붕면의 해석에 대해서는 막재의 강성을 무시한 케이블 모델로 취급 할 수 있다. 막 패널의 해석에 대해서는 적절히 모델화하고 해석한다.
2. 경계 구조는 고정 경계로 할 수 있다. 그러나 경계 구조에 큰 변형이나 변위가 발생할 것으로 예상되는 경우의 경계 구조는 탄성 경계로 간주한다.

해설

1. 여기에서는 낮은 라이즈/스팬비에 케이블로 보강된 대공간 공기막구조를 기본 대상으로 하고 있기 때문에 지붕면의 해석에서는 막강성을 무시한 케이블 모델로 취급하는 것을 기본으로 하고 있다. 모델링에 있어서는 케이블 간격에 따라 케이블 교차 이외에 중간 절점을 설정하는 등의 고려가 필요하다. 케이블은 선형 탄성부재로 가정할 수 있다. 그러나 막패널의 강성이 케이블의 변형 등에 미치는 영향이 클 것으로 예상되는 경우에는 필요에 따라 지붕면을 복합 모델 또는 케이블 치환 모델로 취급하여 해석을 수행한다.
2. 일반적으로 경계 구조의 강성은 막재 및 케이블의 강성에 비해 크고 막구조 지붕에 비하여 경계 구조물 변형의 영향은 매우 작기 때문에, 케이블의 지점은 고정으로 취급할 수 있다. 그러나 지붕의 규모, 케이블 배치, 케이블 간격 등에 의해 경계 구조에 큰 변형이나 변위를 발생할 것으로 예상되는 경우에는 경계 구조를 탄성 경계로 취급하는 것이 적절하다.

2.3.4.3 해석상의 가정

1. 기하학적 비선형성을 고려한 해석을 실시한다.
2. 케이블 및 막재는 압축 및 휨에는 저항하지 못하는 것으로 해석을 실시한다.
3. 막재는 필요에 따라 이방성을 고려하여 해석을 실시한다.

해설

공기막구조는 미소 변형 이론에 따라 형상·응력 및 변형을 구하려고 해도 그 답을 얻지 못하거나 또는 얻었다고 해도 정밀도에 문제가 많다. 이 때문에 변형된 상태에서 구조의 평형을 생각하는 유한 변형 이론에 근거한 기하학적 비선형 해석에 의해, 형상, 응력·변형 및 안정 등을 요구하는 것이 보통이다. 또한 막재 및 케이블은 압축, 휨에 저항하지 못하기 때문에 막재의 "주름"이나 케이블의 "이완"이 발생할 수 있다. 아울러 해석 과정에서 일시적으로 "주름"이나 "이완"이 발생해도 다시 장력을 받게 되는 경우도 있어서 이러한 것을 고려하여 해석해야 한다.

2.3.5 구조부재의 설계

2.3.5.1 각 부재의 설계

1. 막재 및 케이블은 최대설계응력이 허용인장응력 이하가 되도록 한다.
2. 경계 구조 및 하부 구조의 단면 설계는 「건축구조기준 KDS 41 00 00」에 명시하는 계산 및 설계 기준에 의한다.

해설

막재에 대해서는 응력 집중 등을 적절하게 평가하고 최대 응력이 막재의 허용 인장 내력 이하가 되는 것을 확인한다. 또한 막면에 설치되는 개구부 등에 대해서는 주변에 적절한 보강을 실시하는 것으로 한다. 케이블은 공기막구조로 사용되는 경우, 장력이 작용하고 있는 상태에서의 국부적인 휨이 생기기 어려운 형상이 되기 때문에 장력만을 고려하여 최대 설계 장력이 허용 인장 내력 이하가 되도록 설계한다. 케이블의 단부는 케이블의 파단하중과 동등 이상의 강도를 가지는 것을 원칙으로 하되, 정착 방식에 따라서는 정착 효율이 낮은 것도 있어 케이블의 설계 시에 정착부 강도를 케이블의 파단하중으로 고려하여 설계한다.

2.3.5.2 막재의 용착접합부

막재의 용착 접합부의 설계는 「건축구조기준 KDS 41 70 01 : 2016 막과 케이블 구조」에서 명시된한 「4.3 막재 접합부 설계」에 따른다.

해설

막재의 접합부 강도는 막재 자체의 강도에 비해 낮은 경향을 보이며, 2.3.3.1항의 해설에 기술한 바와 같이 막재의 허용인장응력을 구할 때의 한 요소로 고려했다. 따라서 용착 접합부는 소정의 강도가 확보되어 있어야 한다. 기준의 해당 부분에는 막재의 종사방향 및 횡사방향의 접합부 인장강도 평균치는 봉재접합부 인장시험에 이용하였던 막재에서 측정된 모재 초기인장강도의 70% 이상, 그 외의 다른 방법으로 접합된 접합부에 대해서는 같은 방식으로 동일 막재에서 측정된 모재 초기 인장강도의 80% 이상으로 하는 것을 명시하고 있다.

2.3.5.3 막재와 다른 재료와의 접합부

1. 막재의 응력은 과도한 응력 집중을 발생하지 않고 케이블 또는 경계구조에 전달되는 것으로 한다.
2. 막재와 다른 재료와의 접합부의 단기 허용인장응력은 접합부의 파단 강도의 1/3로 하

고, 장기 허용인장응력은 단기 허용인장응력의 1/2로 한다. 그러나 강도 저하의 요인에 대한 자세한 실험 등에 근거한 경우에는 상기 허용 인장 내력에 의하지 않아도 된다.

해설

1. 막재와 다른 재료와의 접합부는 강도 저하에 의한 영향이 막재 모재에 비해 적은 것으로 생각되어 본문과 같은 수치로 설정하였다.
2. 막재와 다른 재료 간의 접합부 인장 내력 시험에서는 설계된 것과 동일한 형상, 치수를 갖는 접합부의 일부를 추출하여 실험하는 경우가 많다. 이 경우에는 가력 방법에 따른 응력 집중 또는 가력 속도 등의 영향에 의해 모재를 실험했던 결과보다 인장강도가 과소평가되는 경향이 있다. 이런 경우에 대해서는 일부를 추출하여 실험하는 것에 의한 강도저하의 영향을 정량적으로 평가하여 보정계수를 사용하는 것이 바람직하다.

2.3.5.4 케이블 상호간의 접합부

1. 케이블과 케이블 사이의 접합은 타 재료에 유해한 장해가 발생하생기지 않도록 케이블 이탈을 방지해야 한다.
2. 케이블의 교차부는 일시적인 볼트의 축력저하와 측압에 의한 케이블의 강도저하 등을 충분히 고려하여 형상 및 축력 도입을 결정해야 한다.

해설

케이블과 케이블의 사이의 접합을 고정시키는 철물(이하, 케이블 클램프라고 한다.)은 막재 및 케이블이 구조체로 성능을 유지하는 데 중요한 부분이 된다. 만약 케이블 교차점에 케이블 이탈이 발생하면 막면의 파손을 초래할 우려가 있다. 한편, 공기막구조의 특성에서는 케이블 클램프의 경량·소형화가 요구되어, 설계 응력에 대해 안전하고 신뢰성이 높은 케이블 클램프의 설계가 필요하다. 클램프에는 다양한 형상이 있으며 현재는 볼트를 이용한 마찰 접합 방식 채용되고 있다.

2.3.5.5 케이블 단부의 정착

케이블 단부의 정착은 강도 및 정착 효율 등을 고려하여 적절한 형상, 방식을 채택한다.

해설

1. 케이블 단부의 정착법은 케이블의 종류, 사용개소 및 경계구조와의 관계에 따라 다양한 방법을 적용할 수 있으며 기본적으로는 건축구조기준에 관한 규정을 따른다. 다만 이 기준에서 정하지 않은 부분은

「(사)한국공간구조학회 케이블구조 설계 및 해설」에 준한다. 설계에 필요한 제반 정수, 재질 및 시험 방법에 대해서도 동 지침을 따른다.

2. 케이블이 단부에 고정되어 있을 때에는 케이블 및 막재 고정 장치 등에 의해서 케이블이 꺾이거나 외부 피복이 벗겨져 케이블 손상을 초래하지 않는 방식을 택해야 한다.

2.3.5.6 앵커

1. 케이블의 앵커는 응력을 지지 구조물에 안전하게 전달함과 동시에 지붕 형상의 변화에 대응할 수 있는 구조로 한다.
2. 앵커 부분에 사용하는 재료 및 설계에 필요한 제반 정수는 「(사)한국공간구조학회 케이블구조 설계 및 해설」 등을 준수한다.

해설

공기막구조의 케이블 단부는 디플레이트 상태에서 인플레이트 상태까지 회전하기 때문에 앵커부의 구조는 그에 대응할 수 있는 구조로 해야 한다. 또한 앵커부는 인플레이트 상태의 장력뿐만 아니라 디플레이트 상태의 장력에 대해서도 구조 안전성을 확보해야 한다.

2.3.5.7 지붕 부분

지붕 부분의 각 접합부는 응력을 안전하게 전달할 수 있고, 기밀·수밀성, 내부식성을 가짐과 동시에 지붕 형상의 변화에 추종할 수 있는 구조로 한다.

2.3.5.8 벽 및 개구부

1. 가압 부분과 비 가압 부분 또는 옥외와 구획하는 벽(개구부에 설치된 창문, 문, 셔터 등을 포함)은 사용 상태에서 예상되는 사람, 물건 등의 충돌 및 예상되는 외력에 대해 내압 유지가 불가능하게 될 수준의 파손을 일으키지 않는 구조로 한다.
2. 중장비 등의 반출 입구는 과도한 공기 누출을 방지하기 위해 이중문으로 하고, 예상되는 외력에 대하여 충분한 강도와 기밀성을 갖는 구조로 한다.

해설

가압 부분과 비가압 부분 또는 옥외와의 경계 벽의 파손은 압력 저하를 초래하며 디플레이트의 요인이 된다. 따라서 이러한 부분은 지진이나 강풍은 물론이며 인적 혹은 물적 충격에 대해서도 내압 유지가 불가능하게 될 수준의 파손이 발생하지 않도록 충분한 강도를 가지고 있어야 한다.

2.3.5.9 각종 설비

1. 송풍기 및 융설 등의 각종 설비는 충분한 내진성 및 내풍성을 가진 것으로 한다.
2. 환기, 배수, 배연, 피뢰, 음향, 조명 등의 각종 설비를 막면에 설치하는 경우는 설치 방법을 고려함과 동시에 주변을 적절히 보강한다.
3. 음향 설비, 조명 설비 등의 중량물을 지붕면에 매다는 경우 매다는 지점은 케이블 위에 위치하는 것으로 하고 과도한 집중 하중이 발생하지 않도록 분산 배치한다. 매다는 재료는 지붕면의 변형 및 진동에 대해 안전한 것으로 한다.
4. 지붕면에 설치하는 각종 설비는 인플레이트 상태 및 디플레이트 발생 시에 막을 파손시키지 않는 구조로 한다. 한다.

해설

가압을 위한 외기 입구, 배기구 등은 강풍, 적설 등에 의해 기능이 손상되지 않아야 한다.

2.3.5.9.1 막면의 배수설비

막면에는 폰딩 방지 및 디플레이트 발생 시 빗물의 고임을 막기 위한 배수 설비를 유효하게 설치한다.

2.4 내압

2.4.1 내압설정의 원칙

1. 내압은 지붕에 작용하는 하중 및 외력에 대하여 막면이 큰 변형이나 비정상적인 진동에 의해 구조적이고 기능적으로 지장을 주지 않도록 적정하게 설정한다. 단 이용자의 퇴장 혹은 피난 등의 단시간 내에서는 막면의 안정성을 해치지 않도록기 위해 특별히 내압 관리가 이루어지고 있는 경우에는 그러하지 아니하다.

2. 내압은 상시 내압과 적설 시 내압 및 강풍 시 내압으로 하고 각각 단계적으로 설정할 수 있다.

해설

1. 공기막구조는 형태의 안정성 및 지붕의 고정하중이나 외력에 대한 내하능력이 모두 내압에 의해 확보되어 있기 때문에 내압의 설정은 구조의 안전성을 확보하는 데 중요한 항목이다. 내압을 낮게 설정한 경우에는 형태의 안정성과 지붕면의 내하능력이 저하되고, 구조 안전성 또는 기능성에 지장을 초래한다. 또한 적설에 의한 정적 변형이나 강풍에 의한 동적 변형을 억제하기 위해 내압을 필요 이상으로 높게 설정한 경우에는 막지붕 부분과 경계 구조에 강도상 과도한 부담을 강요하게 되고, 각 부분 구조의 기밀성의 확보가 어려워질뿐만 아니라 개구부 풍속이 높아져 사용성 측면에서도 바람직하지 않다. 이 경우에는 송풍 가압을 위해 막대한 에너지를 필요로 하여 경제성 면에서도 바람직하지 않다. 압력 설정에 관계하는 지붕의 변형을 평가하는 경우에는 다음 사항 등을 고려하여야 한다.
   (1) 해석상 상정된 외력 모드가 실상에 맞는 범위의 변형
   (2) 지붕면 각 부분의 변화에 따른 대응에 의한 변형
   (3) 지붕면으로부터 매달린 설비 기기 등의 기능성에 의한 변형
   (4) 이용자에게 불안감을 주지 않는 범위의 변형
   이 경우의 변형량은 상시 내압 시에서 주 케이블의 장력이 소실된 상태까지의 변형량을 기준으로 평가하는 방법을 고려할 수 있다. 수만 명의 퇴장 시 회전문만으로 이용자를 대피 시키는 것은 현실적이지 못하다. 따라서 특수한 상황 등으로 인한 퇴장이 각 비상구가 직원에 의해 충분히 관리되는 단시간 대피인 경우에는 구조체의 안정성을 해치지 않는 범위에서 낮은 내압으로 설정하는 것도 가능하다. 또한 피난은 비상시이기도 하므로 다르게 취급되어야하지만 방재 시 지붕 상부에 모인 연기가 이용자 높이까지 내려오지 못하도록 인플레이트 상태를 유지하여야 하므로 이에 필요한 압력을 유지해야 한다.
2. 적설 시 내압 및 강풍 시 내압에 대해서는 2.4.3 및 2.4.4에 설명하고 있지만, 지붕에 가해지는 하중 및 외력의 크기에 따라 그 내압을 단계적으로 설정할 수 있다. 또한 다수의 관객이 들어와 있는 사용 상태와 관객이 없는 사용하지 않는 상태에는 다른 내압을 설정하는 것도 가능하지만 그 내압에 대해 충분히 검토할 필요가 있다

2.4.2 상시내압

상시 내압은 지붕 고정하중 및 적재하중을 지지함과 동시에 비교적 발생 빈도가 높은 강풍 또는 초기 적설에 대해 막지붕이 큰 변형을 하지 않고 안정된 인플레이트 상태를 유지하도록 설정한다.

해설

상시 내압 설정 시에는 다음의 사항을 검토한다.

(1) 지붕의 고정하중 및 적재하중에 대하여 안정된 인플레이트 상태를 유지할 수 있도록 한다.
(2) 건설 지역에서 비교적 발생 빈도가 높은 강풍(일 년에 몇 번 정도의 강풍)에 대해서도 큰 변형이나 이상 진동을 발생하지 않도록 한다.
(3) 다설 지역에서 융설시스템이 설치된 경우, 적설 시에는 눈이 내리기 시작할 때부터 융설시스템을 가동하고 그 효과가 나타날 때까지 혹은 적설 시, 내압에서 승압하는 사이에 지붕면에 쌓이는 초기 적설에 대하여 큰 변형을 하지 않는 안정된 인플레이트 상태를 유지하도록 한다.

2.4.3 적설 시 내압

적설 시 내압은 지붕의 고정하중, 적재하중 및 적설하중에 대해서 큰 변형을 하지 않고 안정된 인플레이트 상태를 유지할 수 있도록 설정한다.

해설

2.4.1 의 설명에서 언급한 바와 같이 공기막구조물에서는 내압을 무제한으로 높일 수는 없기 때문에 하중을 지지하는 성능은 한계가 있다. 따라서 적설량이 많은 지역에서는 융설 시스템을 설치하는 것이 원칙이지만, 적설량이 적은 지방 또는 설정된 융설 효율(단위 시간당 융설 능력)을 넘어서는 강설에 의한 적설하중은 이를 내압으로 지지하려고 하는 것이다.

적설 시 내압의 설정요인으로는 하중에 대하여 대변형을 일으키지 않을 것 또는 주 케이블의 장력이 소멸하지 않는 것을 꼽을 수 있지만, 이 밖에도 국부적인 적설하중의 영향과 그에 따른 폰딩의 발생 등에 대해서도 검토할 필요가 있다.

2.4.4 강풍 시 내압

강풍 시 내압은 지붕면이 강풍을 받아도 큰 변형이나 비정상적인 동적 거동을 하지 않고 안정된 인플레이트 상태를 유지할 수 있도록 설정한다.

해설

발생 빈도가 높은 바람에 대해서는 「2.4.2 상시 내압」에 대응하는 것으로 하고 있지만 이를 넘는 강풍에 대해서는 내압을 높임으로써 이에 대응하려는 것이다.

또한 지붕면으로부터 매달려지는 각종 기기에 대해서도 공진 등이 발생하지 않도록 내압을 설정한다.

2.5 송풍시스템

2.5.1 송풍시스템의 구성

송풍 시스템은 송풍 기기, 제어시스템, 감지 기기 및 전원으로 구성되며 운전에 의해 공기막구조물의 인플레이트 상태를 유지하는 기능을 갖는 설비로 한다.

2.5.2 송풍기기

1. 송풍기는 환기 능력으로 설계 내압을 유지할 수 있는 송풍압, 누기 및 환기에 필요한 송풍량을 가진 것을 말한다.
2. 송풍기는 여러 대 설치한다.

해설

1. 송풍 능력은 건축물의 사용성과 기능으로 결정된다. 최대 송풍량은 통상 관객의 퇴장·피난, 필요 환기량에 의해 결정된다. 송풍기의 선정은 효율이 좋고 가압동력이 적은 기종으로 한다. 선정에 있어서 설계 내압 및 설계 풍량을 감안하여 성능 곡선을 확인하는 것이 바람직하다. 송풍기 및 흡입·분출구 등에 의한 소음·진동에 대해 실내외의 음환경을 적정한 값으로 설정하고, 그 허용 범위 내에 들어갈 수 있도록 하며 동시에 기능 장해가 생기지 않도록 충분히 고려하는 것이 바람직하다.
2. 송풍 능력은 위와 같이 결정되지만, 송풍기 고장에 대해 대응 등에 따른 시스템 전체의 여유도를 확보하기 위해 송풍기는 여러 대에 분할하는 것으로 했다. 이 중, 일상에서 인플레이트 상태를 유지하기 위해서는 일반적으로는 여러 대를 가동시키면 된다. 상시 가동하지 않은 송풍기에 대해서는 유지관리 부분의 4.2 「내압 송풍 관리」에 언급되어 있는 것처럼 점검 등에 의해 정비하거나 교대 등에 의해 항상 운전 가능한 상태를 확보할 필요가 있다.
3. 공조 설비 계통과 송풍 시스템을 겸용하는 경우에는 송풍 시스템의 기능을 손상하지 않도록 충분한 검토를 해야 한다. 막재는 특성상 일사 등에 의한 외부의 영향을 받기 쉽고 그로 인한 열 변형이 예상된다. 또한 필요 이상의 외기량을 투입하는 것은 에너지 소비의 증대를 초래한다. 이 때문에 건축물의 에너지 절약 성능을 항상 고려하여 건축·설비 계획에 해당되는 것이 바람직하다. 관객석 부분·거주 영역 부분의 공조를 할 경우는 온열 환경·공기 환경을 충분히 검토하고 양호한 상태가 되도록 계획해야 한다.
4. 융설 시스템에 사용되는 송풍기를 겸용하는 경우는 각각의 기능을 손상하지 않도록 충분한 검토를 할 필요가 있다.

2.5.3 제어시스템

1. 제어시스템은 감지기기 등과 연동하여 각각 설정된 내압에 자동으로 전환하는 기능 및 그 내압을 자동적으로 유지하는 기능, 그리고 및 누기, 환기에 필요한 송풍량을 제어하는 기능을 가지는이 있는 것으로 한다.
2. 제어시스템은 신뢰성 높은 것으로 한다.
3. 사람의 판단에 따른 기기의 수동 운전도 가능한 시스템으로 한다.

해설

1. 제어시스템은 내압 유지의 중추가 되는 부분으로 다음과 같은 사항을 고려해야 한다.
   (1) 내압은 막면에 걸리는 외력 등에 따라 단계적으로 또는 연속적으로 바꿀 수 있는 시스템으로 한다.
   (2) 제어계가 정상으로 작동하고 있는 것을 확인할 수 있는 시스템으로 하고, 내압 및 송풍기 운전 상태 등이 관리자가 보기 쉬운 위치에 항상 표시되어 있어야 한다(감시 항목 예 : 내압, 외부 풍속, 적설량, 실내외 온도 등).
   (3) 유지관리 또는 기술적인 자료를 수집하기 위해 필요한 데이터를 기록할 수 있는 시스템으로 한다.
   (4) 제어계에 이상이 생긴 경우에는 신속하게 관리자에게 정보가 전달되는 시스템으로 한다.
2. 제어시스템은 구조, 방재 안전성을 확보하기 위한 중심적인 역할을 갖기 때문에 내압의 설정·유지 기능을 담당하는 중추부의 제어 장치는 여러 대 설치해야 한다.
3. 자동 제어를 원칙으로 하되 인간의 판단에 의한 조작도 가능해야 한다. 따라서 내압의 설정 값을 사람이 수동으로 변경할 수 있는 시스템으로 하여야 한다. 그러나 수동 조작에 대해서는 가능한 범위를 명확히 해야 하고 동시에 관리자의 조작 실수에 대해서 대처가 가능한 시스템으로 해야 한다. 예를 들어 수동 조작 시 조작부의 잠금, 두 동작에 의한 조작법·조작 실수에 대한 경보, 정상 작동으로 자동 복귀 등 조작 실수를 방지할 수 있는 기구 등을 꼽을 수 있다.

2.5.4 감지 시스템

1. 각 감지 시스템은 신뢰성이 높은 기기를 채용하는 것으로 하고, 필요에 따라 여러 대의 감지 장치를 설치한다.
2. 감지 시스템은 제어 목적에 따라 기종을 선정함과 하며 동시에 설치 위치를 정한다.

해설

감지 시스템으로는 풍향계, 풍속계, 강설계, 적설계, 케이블 장력계, TV 모니터, 내압 게이지 등을 꼽을 수 있다. 설치 위치는 본문에 나와 있는 것 외에 보수, 점검하기 쉬운 위치 등으로 고려할 필요가 있다.

2.5.5 예비 전원 등

정전 시 자동적으로 전환할 수 있는 예비 전원 또는 그것을 대체하는 예비 구동 장치를 설치한다. 예비 전원·예비 구동 장치의 용량 및 운전 시간에 대해서는 공기막구조물의 건설 지역, 사용 방법, 기능 등을 감안하여 정한다.

해설

예비 전원 장치 또는 예비 구동 장치는 예비의 의미하는 범위를 명확히 해야 한다. 예를 들어, 송풍기뿐만 아니라 제어시스템도 예비 전원이 필요하기 때문이다.

2.6 융설 시스템

2.6.1 융설 시스템의 구성

1. 융설 시스템은 공기막구조의 형상, 설치지역, 중요도에 따라 설치 여부를 선택적으로 적용할 수 있다.
2. 융설 시스템은 융설장치, 제어시스템, 감지기기 및 에너지원으로 구성되어 소요의 융설 기능을 가진 설비로 한다.

해설

공기막구조물은 내압에 의해 지붕 무게를 지탱하는 특수성을 가지고 있기 때문에 인플레이트 상태에서 지지할 수 있는 적설하중은 제한되어있다. 따라서 2.1.1「기본 사항」에서 언급한 대로 내압의 상승에 의해서만 인플레이트 상태의 구조적 안전성을 확보하는 것이 공기막구조물을 사용함에 있어서 적절하지 않는 경우에는 본 장에 나타낸 바와 같은 융설 시스템을 마련해야 한다. 공기막구조는 막면이 매우 얇기 때문에 타 구조물에 설치한 융설시스템과 비교해 보았을 때 공기막구조에 설치한 경우가 효율이 좋다.

2.6.2 융설장치

1. 융설장치는 막면 내부의 열에 의해 막면 외부의 적설을 녹이는 방법을 표준으로 한다. 융설장치에 의한 효과는 실험 및 해석 등을으로 검증하는 것으로 한다. 하지만 현장 여건에 따라 다양한 방법을 적용할 수 있으므로 개별적으로 실험 및 해석을 통해 검

증하여 효과를 입증해야 한다.
2. 융설 능력은 건설 지역의 외적 조건(기상 조건, 강설량, 강설 강도 등)에 따른 것으로 한다.

해설

1. 융설은 막면 내부면을 따라 열풍을 보내는 방법, 실내 온도를 높이는 방법, 온수 또는 물의 살수를 막면 위에서 행하는 방법 등이 있지만, 현재 가장 널리 사용되고 있는 것은 막면 내부면을 따라서 열풍을 보내는 방법이다. 이 경우, 규모가 큰 구조물에서는 덕트 또는 이중 막 방식에 의해 열풍을 보내는 등의 조치가 필요하다. 열풍을 보내는 방법의 경우 건물의 높이에 따라 에어덕트에서의 방열로 인해 원하는 높이의 막면에 열전달이 어려운 경우가 발생할 수 있으므로 충분한 열전달이 될 수 있도록 조치를 마련해야 한다.
2. 융설 능력의 설정에 있어서는 설정 재현 기간의 시간 당 강설량의 예상치에서 이를 융설하는 데 필요한 용량을 실증 실험·해석 등에 의해 건축물 규모·형상·열 손실을 고려하여 구한다. 융설 능력을 초과하는 적설이 있는 경우에는 내압에 의해 형태를 유지할 수 있어야 한다. 또한 융설 능력을 초과하는 적설량에 대해서는 건설 지역의 폭설시 강설 모드에서 산정할 수 있다. 그러나 장기간에 걸쳐 막 지붕면에 적설되지 않도록 융설 능력을 설정하여야 한다. 융설 범위를 결정할 때에는 융설 후의 융설수 동결에 의한 막의 손상 방지 등을 고려하는 것도 필요하다.

2.6.3 제어시스템

1. 제어시스템은 감지 기기와 연동하여 자동으로 안정적이고 효율적으로 융설하는 기능을 갖는 것으로 한다.
2. 사람의 판단에 의한 수동 운전도 가능한 시스템으로 한다.

해설

1. 융설시스템의 제어는 송풍시스템의 제어와 연동시키는 것이 바람직하다. 융설시스템 가동시간 및 융설 능력의 제어 방법, 융설 효과, 신뢰성을 실험·해석 등을 충분히 확인 한 후 결정해야 한다.
2. 수동 운전에 대해서는 2.5.3 「제어시스템」의 설명을 참조한다.

2.6.4 감지기기

1. 각 감지기기는 신뢰성이 높은 기기를 선택하는 것으로 하고 필요에 따라 여러 대의 감

지 장치를 설치한다.
2. 감지기기는 제어 목적에 따라 기종을 선정하고 함과 동시에 설치 위치를 정한다.

해설

1. 감지기기는 융설장치 가동시간을 결정, 융설 능력 제어, 적설·융설의 상황을 파악하는 것으로 나눌 수 있다. 구체적으로는 풍향·풍속계, 온습도계, 강설계, 적설계, TV 모니터 등을 들 수 있다.
2. 설치 위치는 본문에 나와 있는 것 외에도 보수, 점검하기 쉬운 위치 선정 등의 고려가 필요하다.

2.6.5 에너지원

예상되는 융설 부하에 충분히 대응할 수 있는 에너지원을 확보한다.

해설

에너지원으로는 전기, 가스, 석유 등이 있으며 강설 시에도 확실히 공급할 수 있는 방법으로 결정해야 한다. 특히, 석유의 경우는 항상 저장량을 확인하고 필요한 양을 확보해두어야 한다.

2.7 그 외의 설비

2.7.1 중앙관리실

내압 송풍, 융설, 출입구 및 구조물의 관리에 필요한 상황을 파악하고 조작할 수 있는 중앙 관리실을 설치한다.

해설

중앙 관리실에서는 송풍 시스템 및 융설 시스템의 가동 상황, 수전 상황, 막면 상황(건전, 파손 등), 출입구 상황 및 이용자의 상황 등을 직접 또는 간접적으로 감시, 측정, 기록할 수 있어야 한다. 중앙 관리실과 방재 센터는 동일한 것이 이상적이지만 분리되어 있는 경우에는 상호 연락을 긴밀하게 실시할 필요가 있다.

2.7.2 그 외의 설비에 대한 주의사항

내압에 의해 기능 장애를 일으킬 우려가 있는 설비에 대해서는 필요한 대책을 강구한다.

해설

배수 경로 등의 트랩 등은 가압 상태에서도 요구되는 밀봉 수심을 확보할 수 있도록 적절한 대책을 강구하여야 한다. 또한 가압 부분에 가스 연소기기를 설치하는 경우에는 내압이 변동될 수 있는 것을 고려하여 기기를 선정할 필요가 있다.

2.8 제작 · 시공

제작·시공 시에는 다음 사항에 관한 공사 시방서를 작성하고 이에 따라 실시한다.
(1) 재료
(2) 막재 가공
(3) 막재의 용착
(4) 케이블의 가공
(5) 제품 검사
(6) 공장 포장 및 발송
(7) 설치
(8) 검사

해설

제작 및 시공상의 문제로는 각 부재의 공장 가공 및 포장·운송 문제와 현장설치 시공 문제 등이 있다. 다음은 자세한 관련 항목을 나타낸 것이다. 본 항목에 대해 공사 시방서를 작성하고 그에 따라 제작·시공을 해야 한다.

1. 재료
막구조 지붕에 사용되는 재료인 막재, 용착 재료, 케이블 및 기타 재료의 종류, 품질을 명시하여야 한다.

2. 막재 가공
막재의 가공에 관해 고려해야 할 사항은 다음과 같다.
(1) 가공 공장
설계 담당자는 가공 공장에 보유해야 하는 기술·설비 등 제품의 신뢰성을 높이는 측면의 사항을 충분히 조사·확인한다.
(2) 실물도
막패널의 재단도에 따라 실물도를 작성하고 재단한다. 실물 검사는 설계 담당자 등이 입회하는 것을 원칙으로 한다.

(3) 금긋기·절단·천공

막재는 상처 나기 쉽고 부드러운 특성을 가지고 있으므로 작업 중에는 기구의 선정, 복장, 작업 정확도 등을 고려하여야 한다.

3. 막재의 용착

현재 막재의 용착은 완성된 막재가 입체적이고 주문제작에 의한 맞춤 생산이라는 측면에서 대규모 양산이 부적합하기 때문에 수작업으로 행해지고 있는 것이 현실이다. 온도·압력·시간 등의 관리는 숙련 기술자의 기술에 의해 좌우되기 쉽다. 용착 강도의 신뢰성을 높이기 위해 필요한 항목은 다음과 같다.

(1) 용착 공장

용접 장비의 현대화·품질 관리 체제의 정비

(2) 용착공

용착공의 기량 확인

(3) 용착 기기

구조·성능의 신뢰성

(4) 용착 가공

작업 방법과 순서 설정, 작업 환경 조건의 정비

(5) 치수 정밀도·수정

적정한 치수 정밀도를 결정하는 것은 제품 관리에 중요하며 허용치를 초과하는 것에 대한 조치도 고려하여야 한다.

4. 케이블의 가공

케이블 가공 시에 오차는 발생한다. 따라서 설계 단계에서 오차에 대한 검토와 제작 및 시공단계에서 시공오차의 최소화 대책이 필요하다. 케이블 특유의 오차로 다음과 같은 항목이 있다.

(1) 길이 오차

(2) 마킹 오차

(3) 단부 장착 오차

(4) 그 외

5. 제품 검사

막재, 케이블 제작, 가공된 제품의 검사를 실시하여 부착에 지장이 없는 것을 확인해야 한다. 검사 항목은 다음과 같다.

(1) 막재

- 형상, 치수
- 유해한 흠집, 굽힘 상처, 균열, 핀홀, 얼룩 등
- 용착부의 치수, 마무리 상태

(2) 케이블

- 구성
- 휘는 방향
- 직경, 피치
- 외관 (유해한 결점이 없을 것)
- 마킹, 길이의 오차

6. 공장 포장, 발송

막재 및 케이블은 상처에 의한 내력 저하가 현저하다. 따라서 포장에서 현장 반입에 이르는 사이에 외상을 받기 쉽기 때문에 다음과 같은 대책이 필요하다.

(1) 막재

접힌 상처, 눌림, 마찰 상처 등을 방지하는 대책

(2) 케이블

마찰 상처, 국부 변형 등을 방지하는 대책

7. 설치

설치 중에 막재에 상처가 생기지 않도록 하는 것 외에 다음과 같은 사항에 주의해야 한다.

(1) 강풍 시 대책

막패널이 국부적으로 펼쳐져 있는 상태에서 강풍에 영향을 받게 되면 의외의 사고가 발생할 수 있다. 이에 대한 충분한 안전 대책을 생각해야 한다.

(2) 작업 주의 사항

고소작업 대책, 작업 중 막재에 대한 특별한 고려 등

8. 검사

인플레이트에 있어서 다음과 같은 항목에 관하여 검사하고 안전하다는 것을 확인해야 한다.

(1) 가압전 검사

가압 송풍 시스템의 종합 운전 조정에 들어가기 전에, 막재, 케이블, 막재 부착 철물에 대해서 헐거움, 빠짐, 손상 등의 검사를 실시한다.

(2) 종합 시운전 조정

가압 송풍 시스템 전체에 대해 외관 검사 및 각 장치의 작동 상태 및 성능을 확인하기 위한 종합 시운전 조정을 실시한다.

(3) 가압 후의 검사

각 설계 내압을 가한 상태에서 건축물 각 부분의 검사를 실시한다.

제3장

방재피난

제3장 방재피난

3.1 방재대피의 기본적 개념

3.1.1 방재계획의 내용

본 설계지침서에서 다루는 방재 계획의 내용은 다음과 같다.

(1) 화재에 대해 종합 안전성 확보를 위한 검토

(2) 지진 혹은 그 외에 뜻하지 않은 재해에 대해 안전한 피난을 위한 검토

해설

1. 방재는 종합적으로 평가되는 성격이 강하고 개별 기술을 명확하게 기준화하는 것이 매우 어렵다. 따라서 본 설계지침서에서도 전반적인 계획의 개념을 주로 설명한다.
   검토 대상으로 하는 주요 재해는 화재이며 이에 더하여 일상 안전에 대한 고려 및 지진, 기타 예측하지 못한 재해 시 안전하게 피난하기 위한 방법에 대해서도 다루고 있다.
2. 공기막 구조는 기존 건축물에 비해 많은 특수성을 가지고 있어 기존의 안전성 평가 기준을 적용하는 것이 적절하지 않은 부분이 있다. 기존의 법령과 비교하여 공기막구조의 방재 피난에 대해서 문제가 되는 부분은 일반적으로 다음과 같은 것이 있다.
   (1) 지붕 방염·내화 성능
   (2) 배연 설비
   (3) 방화 구획
   (4) 피난 시설
   (5) 내부시설의 구조

   이는 공기막구조물이 막재로 구성되는 대공간 구조이고 내압에 의해 실내외가 다른 압력차를 갖고 있는 것에 따른 것이다. 실제 사례에서는 위의 사항 이외에도 일반 건축물과는 다른 문제가 생길 가능성이 있으므로 각각의 조건에 따라 평가해 나가야 한다. 본 설계지침서 및 실험 등을 통해서 안전성을 검증하는 것이 바람직하며 다음 항에서 설명하고 있는 내용을 평가함으로써 종합적으로 판단하여 안전성을 확인하는 것이 필요하다.

3.1.2 방재계획의 원칙

방재는 구조, 재료, 공간의 특수성, 수용 인원 및 사용 형태를 고려함과 동시에 하면서 예상되는 재해를 적절히 평가하여 해당 재해의 발생과 확대를 효과적으로 방지하도록 시설과 설비 및 관리를 계획한다.

해설

1. 공기막구조물은 다중이 이용하며 다양한 용도로 사용되는 것을 고려하여 방재 계획을 세워야 한다. 방재는 연기 제어와 피난 계획이 주된 요소이고 구조물과 관련해서는 막의 디플레이트 형상이나 내압의 유지, 피난로의 구성과 그의 요건 등 가압공간만의 특수한 조건을 고려하여 계획하여야 한다.
   공기막구조물의 방재 계획은 주로 다음과 같은 점을 고려하여야 한다.
   (1) 예상되는 재해
   (2) 화재 시의 디플레이트
   (3) 화재와 연기 제어 및 피난 계획
   (4) 지붕의 방화 · 내화성

   방재 계획을 수립하는 데 유의할 점은 다음과 같다.
   (1) 예상되는 재해
   공기막구조물은 일반적으로 내부공간과 보조공간으로 구성된다. 내부공간에서의 화재 발생은 거의 없지만 다양한 용도를 생각한다면 화재 위험을 무시할 수 없다. 화재 발생의 가능성은 내부공간과 보조공간 모두 있다고 가정하고 계획을 세워야 한다.
   대규모 이용자가 모이는 시설은 화기 관리와 일정한 장소 이외의 금연 등을 고려해야 한다. 내부공간과 보조공간의 성격에 따라 연기나 피난의 성격이 다르기 때문에 각각의 경우를 나누어 검토해야 한다.
   강풍과 폭설은 대체로 사전에 이상 발생을 인지할 수 있는 경우가 많고 피난 대책을 세우기 쉽지만 예기치 못한 사고로 급격히 디플레이트가 발생되는 상황도 고려해야 한다. 특히 지진과 같은 돌발적인 상황에서는 대피계획을 적절히 세우지 않으면 이용자가 서로 먼저 대피하려고 하기 때문에 혼란이 야기된다. 이 밖의 돌발적인 상황에 대해서도 방재계획과 이를 관리하는 계획을 세워야 한다.

   (2) 화재 시의 디플레이트
   공기막구조물은 인플레이트 상태의 유지가 원칙이지만 화재 시에도 인플레이트 상태를 유지할 필요가 있는지 여부를 검토할 필요가 있다. 화재의 발생은 드문 반면에 오히려 디플레이트 자체가 이상 상황이기 때문에 디플레이트를 실시하는 것에 대해서 신중히 검토해야 한다. 즉 화재의 제어와 피난 안전 중 어느 것이 우선인지 생각하여야 한다.
   방재 피난의 관점에서 디플레이트 문제는 배연 또는 축연(蓄煙)의 장애가 되는지 여부이다. 피난

시 막면을 디플레이트 시켜도 이용자에 대해 연기의 위험이 없다고 예측되는 경우에는 인플레이트 상태의 유지가 꼭 필요하지 않지만 급격한 디플레이트는 피해야 한다.

또한 일반적으로 디플레이트 상태에서는 축연(蓄煙) 능력이 인플레이트 상태에 비해 현저히 떨어지는 경우가 대부분이고 디플레이트에 이르는 과정에서 막면 형상의 변화와 연기 층 변화의 예측이 곤란한 경우가 발생하므로 화재 시에도 인플레이트 상태를 유지하는 것이 낫다. 화재 시 디플레이트하는 것을 계획하는 경우에는 디플레이트 상태에서 지붕의 방화 · 내화성에 대해 검토하여야 한다.

(3) 화재 및 연기 제어와 피난 계획

화재 시에는 연기층의 하강으로 인해 사용공간이 위험한 경우에 도달하기 전, 이용자가 대피를 완료할 수 있는가의 문제가 핵심이다. 연기제어를 통해 연기층의 하강을 방지하는 경우에는 그로 인한 디플레이트 가능성을 검토해야 한다. 각 검토 사항에 대한 내용은 다음과 같다.

a. 연기에 관한 검토

- 연기층의 하강 예측 : 여러 요인으로 인한 연기층의 하강을 검토해야 한다.
- 불씨의 발열 속도 : 내부공간의 용도에 따른 불씨 발생 여부와 발열속도를 검토해야 한다.
- 배연 방식과 효과 : 배연이 필요한 경우에는 적용 가능한 방식을 검토하여 시뮬레이션 등으로 확인하는 것이 필요하다.
- 배연과 디플레이트 : 공기막구조는 대공간의 특성으로 인해 화재 시 연기층의 하강에 상당한 시간이 소요되어 배연이 필요 없다. 오히려 배연으로 인해 디플레이트가 발생하기 쉽기 때문에 배연 시 디플레이트 상태에 대해 검토하여야 한다.

b. 피난에 관한 검토

- 피난 대상 인원수 : 내부공간의 용도에 따른 예상 인원수를 산정하여야 한다.
- 피난 시간의 산정 : 특수한 통로나 출입구를 사용해야 하는 경우 피난 시간을 미리 산정하여야 한다. 공간의 구성과 피난 용이성과의 관계도 검토하여야 한다.
- 허용 피난 시간 : 일반 건축물에서는 축연(蓄煙)이나 플래시오버(Flashover:전실화재) 등을 고려하여 그 실의 바닥 면적에 따라 허용 피난시간을 정하고 있다. 하지만 공기막구조처럼 천장이 높은 공간은 연기가 하강하기까지 시간적 여유가 있으므로 일반 건축물의 조건을 그대로 적용하는 것은 합리적이지 않다.
- 피난구의 문제 : 가압 부분과 비가압 부분 사이의 문이나 피난 통로에는 안쪽에서 바깥쪽으로 압력이 가해지고 있다. 따라서 피난문의 개폐장치는 이를 고려하여 검토하여야 한다. 또한 피난구에 공기 흐름이 집중되므로 피난에 영향을 미치는 것을 고려해야 한다.
- 피난 방향으로의 연기 유출 : 경우에 따라서는 피난 방향으로 연기가 흘러가게 되므로 이를 고려해야 한다. 피난로를 내부공간과 같은 압력으로 유지하는 방법, 화재 시에만 이 부분에 급기 하는 방식, 에어 셔터의 설치 등의 대책을 검토한다.

c. 패닉이나 혼란 방지

- 대규모 이용자들의 패닉 : 대규모 이용자들의 대피는 압사와 같은 사고가 우려된다. 공기막구조의 특수성으로 인해 디플레이트 상태가 진행될 시에 이용자의 공포는 증폭된다. 하지만 화재 시 대공간 내부구조의 화재의 확대가 빠르지 않은 점, 상황이 잘 보이는 점, 정확한 정보 전달이 용이한 점 등 유리한 조건도 많다. 그러나 패닉은 화재뿐만 아니라 지진 등 기타 재해 시에도 일어나는 경우가 있기 때문에 이용자의 혼란을 방지하는 대책이 필요하며 원활하게 안심하고 대피할 수 있도록 다음과 같은 요건을 갖출 필요성이 있다.
  i. 일상 동선과 피난 동선을 최대한 일치시킨다.
  ii. 이용자 공간의 통로나 출구 주변 등을 충분히 여유 있게 계획한다.
  iii. 하나의 출구에 집중되지 않도록 여러 개의 피난문을 계획한다.
  iv. 조명 및 비상용 전원을 확실히 확보한다.
  v. 관리자 교육을 통해 정확한 정보 전달 및 피난 유도 등의 체제를 강화한다.

(4) 지붕의 방화 · 내화성

막재(용착 부분 포함) 및 케이블(앵커부를 포함)의 방화 및 내화 상의 검토 항목은 다음과 같다.

i. 불연 혹은 난연 성능
ii. 비화 및 외부 화재에 의한 유사연기 방지
iii. 고온 시의 강도
iv. 연소 시 유독 가스 발생
v. 연소누출 방지 등의 내화성능
vi. 상기의 성능 저하

3.1.3 사용 형태와 위험요인 및 안전대책

방재 계획을 실시할 경우에는 다음의 사용 용도에 따라 고려하여야 한다.

(1) 스포츠 경기장
(2) 집회
(3) 전시회 등
(4) 그 외 다양한 목적과 용도에 따른 시설

해설

1. 공기막구조는 스포츠 경기장뿐만 아니라 다양한 목적으로 폭넓게 활용되고 있다. 각 용도에 따라 화재의 형태가 크게 달라질 것으로 예상된다. 방재 계획을 수립하는 과정에서 사용 용도에 따라 위험요인

을 설정하고 각각에 맞는 안전대책을 고려하여야 한다.

표 3-1는 공기막구조물의 내부공간에서 예상되는 사용 형태를 세 가지로 분류하고 안전성 검토 방법을 서술한 것이다. 케이스 1 ~ 3의 분류는 현재 예상되는 사용 형태에 바탕을 둔 것이다. 향후 이 분류에 적합하지 않는 용도가 있을 수 있으며 그 경우에도 동일한 분석이 필요하다.

2. 방재 안전은 공간·공법·설비 등의 성능뿐만 아니라 유지관리까지 포함하는 모든 요소를 종합적으로 검토해야 하므로 방재 계획은 건축물의 사용형태와 공간 특성을 고려해야 한다.

[표 3.1] 이용자 공간의 사용형태별 안전성의 검토방법

사용형태의 분류		각 부분의 내실자, 적재물 및 상황		화재성상		안전성의 검토 방법
		스탠드	필드	발화 가능성, 발견 및 소화	화재의 확대	
Case 1 스포츠	개최 시	관객 다수	• 선수와 관계자 • 가연물 극히 적음	• 발화가능성 거의 없음 • 발화해도 바로 소화 가능	• 화재 확대는 거의 없음	• 피난 허용시간은 연기층의 강하속도로 설정하는 것이 아니라 패닉 방지 차원에서 적절한 한계 피난시간을 설정하는 것이이 필요함
	휴관시	• 관리자 • 인공잔디의 교체작업 • 관람석의 이동작업		• 관람석에 소량의 쓰레기가 남은 경우가 있음 • 초기발견 어려움	• 좌석에 착화되지 않으면 화재의 확대는 거의 없음	• 피난 검토 불필요 • 좌석의 착화성, 연소성상은 검토할 필요가 있음
Case 2 집회	개최 시	관객 다수	• 출연자, 관객 • 가설 스테이지	• 용이하게 발견 가능 • 관계자가 소화기로 소화 가능	• 가설 스테이지의 발화 가능	• 필드 화재 예상 시 연기와 피난 관계를 검토함 • 가연물량에 따라 발연량, 연소 속도 등을 설정함
	휴관 시 준비 중	• 관객 없음 • 관리자 • 공사관계자 혹은 출연자가 있는 경우도 있음 • 공사용 자재		• 공사 등에 의해 발화 가능성 있음 • 내실자가 있으면 발견이 용이하고 개최 시 보다 소화도 용이함	• 가설물 및 공사 자재의 발화 가능	• 피난 검토 불필요 • 준비 중의 안전대책은 별도로 검토함
Case 3 전시회 등	개최 시	관객 거의 없음	• 관객 다수 • 전시물	• 용이하게 발견 가능 • 바로 소화 가능	• 가연물이 많아 확대 가능성 있음	• 필드 화재 예상 시 연기와 피난 관계를 검토함 • 가연물량에 따라 발연량, 연소 속도 등을 설정함
	휴관 시 준비 중	관객 없음 관리자	• 관객 없음 • 전시물 • 공사자재	• 초기발견 어려움 • 초기소화 어려움	• 가연물이 많아 확대 가능성 있음	• 피난 검토 불필요 • 필요에 따라 화재의 발견과 소화 방법을 검토

3.1.4 평가방법

방재계획의 평가방법은 다음과 같다.

(1) 해당 계획이 1.3에서 설정된 사용 형태의 범위에 있는지 확인한다.

(2) 3.2. 이하에 근거하여 안전성의 평가를 실시한다.

(3) 제시된 평가기준을 충족하지 못하는 경우에는 별도의 방법으로 안전성을 확인할 수 있다.

(4) 3.1.3에서 규정하고 있는 사용 형태에 따라 방재 계획을 평가한다. 이 경우에는 반드시 3.2.이하에 제시한 기준에 따르지 않아도 된다.

(5) 유지관리를 포함한 종합적인 안전성 확보에 대해 평가한다.

해설

본 지침서만이 안전 확보를 위한 유일한 방법이 아님에 유의하여 이 지침서에서 벗어나는 계획이라도 어떤 방법으로든 안전성을 종합적으로 확인할 수 있다면 평가대상에서 제외할 필요는 없다.

3.2 방재평가

3.2.1 발화방지 및 초기 확대방지

공기막구조물 각 부분의 특징을 충분히 고려한 발화·초기 확대 방지대책을 통해 방화·피난 시의 안전성을 확인할 수 있다.

해설

발화·초기 확대 방지대책은 화재 발생 자체를 방지하거나 화재 발생 시 조기 확산에 대응함으로써 방화 · 피난상의 문제가 발생하지 않도록 하는 것을 목적으로 한다. 공기막구조물은 방화상의 구획이 없고 천장높이가 매우 높은 대공간이며, 사용 용도에 따라 다수의 이용자가 내부공간에 존재하고, 천장부분이 상당한 구배를 가지고 있는 등의 특징이 있다. 이 때문에 특징을 충분히 고려하여 방화 · 피난상의 안전성을 확인할 수 있어야 한다.

3.2.1.1 화기의 제한

고정화기 혹은 반입화기를 통해 화재가 발생하였을 때 방화·피난에 미치는 영향을 충분히 고려하여 이를 제한한다.

해설

내부공간의 용도에 따라 다량의 가연물이 반입되는 경우가 발생한다. 원칙적으로는 발화원인이 될 수 있는 고정화기를 제한할 필요가 있다. 반입화기 또한 최대한 제한함으로써 발화 가능성을 억제해야 한다. 공기막구조의 특성으로 인해 방화상 구획이 없어 발화로 인해 피난에 지장을 초래할 수 있으므로 고정화기 및 반입화기를 제한하거나 사용화기를 한정해 두어야 한다.

3.2.1.2 내장 제한

화재 발생 및 연소 확대가 방화·피난에 미치는 영향을 충분히 고려하여 내장재의 불연성 등급을 선택한다.

해설

공기막구조와 같이 일체화된 공간에서 화재 발생 및 연소 확대 가능성을 배제하기 위해 내장재는 적용위치별로 적정한 내화등급 재료로 선택할 필요가 있다. 막재는 천장의 꼭대기 부분에서 큰 구배를 이루며 내려와 지면과 맞닿기 때문에 이용자의 키 높이 부근에서는 일반 건축물의 벽과 비슷한 연소 특성을 나타낸다. 이 때문에 내장재를 불연성 재료로 선택할 필요가 있으며 바닥면도 불연성 재료로 선택해야 한다. 내부공간의 바닥을 인조 잔디 등으로 마감할 경우 면적이 매우 넓으므로 방염재료로 선택해야 한다. 이 외에도 검토 부분의 화재 발생이 내부공간 전체에 미치는 영향을 고려하여 내장재를 선택해야 한다.

3.2.1.3 가연물의 제한

평가 부분의 화재 발생 및 연소 확대가 방화·피난에 미치는 영향을 충분히 고려하여 가연물을 제한한다.

해설

막재는 천장의 꼭대기 부분에서 큰 구배를 이루며 내려와 지면과 맞닿기 때문에 이용자의 키 높이 부근에서는 가연물이 있으면 빠른 속도로 타서 번질 가능성이 있다. 따라서 최대한 가연물의 반입을 제한하고 가연성재료에 의한 장식 등을 배제해야 한다. 또한, 해당 부분에 배치되는 좌석도 불연 재료로 제작하는 등 내부 공간 전체에 미치는 영향을 고려하여 설치하여야 한다.

내부 공간의 용도에 따라 다량의 가연물을 반입하는 경우가 발생하는데 가연물이 동시에 동일한 공간에서 연소되지 않도록 공간을 분리해야 하며 방화·피난 상의 영향을 충분히 고려하여 반입 가연물을 제한해야 한다. 또한 피난경로 상에는 가연물의 배치를 최대한 제한해야 한다.

3.2.1.4 화재감지 설비

공기막구조물은 천장 높이가 매우 높은 대공간으로 구성되므로 이러한 특성에 맞는 적절한 화재감지 설비를 설치해야 한다. 내부공간 이외의 부분에 대해서는 일반 건축물과 동일한 수준 또는 그 이상의 화재감지 설비를 설치한다.

3.2.1.5 초기소화설비

내부공간에 다량의 가연물을 반입하는 경우에는 사용 용도를 사전에 설정하고 가연물의 연소에 대응할 수 있는 초기 소화설비를 설치한다. 내부 공간 이외의 부분에 대해서는 일반 건축물과 동일한 수준 또는 그 이상의 초기 소화설비를 설치한다.

3.2.2 연소 확대 방지

3.2.2.1 기본방침

연소 확대 방지 대책은 공기막구조물의 특징을 충분히 고려하여 방화·피난 시 큰 지장이 발생하지 않도록 각 부분의 성격에 맞게 적절하게 수립한다.

해설

연소 확대 방지 대책은 발생한 화재가 확대하지 않도록 일정 범위 내로 억제하는 것으로서, 피난 안전성 확보를 도모하고 동시에 효율적인 소화 활동이 가능하도록 하는 것을 목표로 한다. 공기막구조는 가압부분과 비가압부분 사이에 개방구가 생기면 방향성 있는 기류가 발생하기 때문에 연소 확대 방지대책에 이와 같은 특성을 고려하여야 한다. 구체적인 방법으로는 방화 · 방연구획이 있으며 그 외에도 연소 확대 방지 및 방연상의 효과가 확인된다면 적용할 수 있다.

3.2.2.2 가압부분과 비가압부분

가압부분과 비가압부분은 각 부분에서 예상되는 모든 화재에 견딜 수 있는 성능을 가진 구획을 설치함으로써 상호 연소방지를 도모한다.

해설

가압부분과 비가압부분을 구분하는 벽이 화재로 인해 손실될 경우, 두 부분의 압력차로 인해 기류가 발생하여 화재가 확대될 우려가 있는 경우에는 해당 벽을 화재에 견딜 수 있는 구조로 해야 한다. 또한 가압부분과 비가압부분을 나누어 공간을 구획할 필요가 있으며 구분하는 벽에 유리스크린을 사용한 경우에는 방화셔터의 병행 설치 등의 조치를 취해야 한다.

3.2.2.3 화기 사용공간

화기를 사용하는 공간은 발화의 위험이 있으므로 그로 인한 내부공간의 방화 및 이용자의 피난에 미치는 영향을 충분히 고려하여 해당 부분과 이외의 부분을 구분해야 한다.

해설

주방이나 탕비실, 보일러실 등의 화기사용 공간에서는 발화의 위험성이 있으므로 내부 공간 혹은 피난경로에 근접한 곳에 이러한 공간을 설치할 경우에는 화기사용 공간과 이외의 공간을 구분해야 한다. 화기사용 공간이 내부공간에 미치는 방화 · 피난상의 영향을 충분히 고려하여 위치를 계획해야 한다.

3.2.2.4 피난경로

피난경로가 내부공간의 연소 형태나 유동 특성, 피난시간 등을 고려하였을 때 안전하지 않을 경우 피난경로와 그 이외의 부분을 구분하여야 한다.

3.2.3 연기 제어

3.2.3.1 기본방침

1. 연기 제어는 공기막구조물의 특징을 충분히 고려하여 적절한 방식으로 한다.
2. 연기 제어의 평가는 피난 시간, 연기의 확산, 연기의 하강 등을 추정하여 이용자가 안전하게 대피할 수 있는지를 확인한다.

해설

연기 제어계획은 피난 시 연기의 피해를 막는 것을 목표로 한다. 화재 시 연기가 가능한 한 넓게 확산하지 않도록 해야 하며 동시에 피난경로에 유입되는 것을 방지하고 피난 완료 시까지 연기에 대해 안전성을 확보하도록 계획해야 한다.

3.2.3.2 각 부분 상호 간의 연기 제어

공기막구조물을 구성하는 각 부분 상호 간에 연기의 유동이 발생하지 않도록 계획한다.

해설

내부 공간에서 화재가 발생한 경우 보조 공간 혹은 대피경로로 확산될 수 있으며 이것이 직접적인 영향 혹은 혼란의 원인이 될 수 있다. 따라서 각 부분 상호 간의 연기의 유동은 연기 제어 계획에 따라 방지해야 한다.

3.2.3.3 내부 공간의 연기 제어

화재 발생 시 내부공간은 적절한 방식으로 연기를 제어하여 연기의 유동을 최대한 방지하도록 계획한다.

해설

1. 공기막구조의 내부 공간은 단일의 대공간이므로 화재로 인해 발생한 연기는 공간 상부에 머물다가 서서히 하강하는 형태를 띤다. 연기 제어는 연기 발생량을 예측하고 축연 속도를 산정한 후 피난 시간과 연계하여 계획한다.
2. 공기막구조는 높은 천장의 대공간이기 때문에 축연 공간이 넓어 화재가 발생한 후 이용자가 위치하는 하단 부분까지 연기가 하강하는 데에는 상당한 시간을 요한다. 하강 시간은 발화점의 크기, 형태, 연기 제어 방식, 디플레이트의 유무 등에 따라 달라진다. 연기제어는 연기가 이용자가 있는 부분까지 하강하는 시간을 늦추는 것을 목표로 하므로 다음과 같은 방식을 고려할 수 있다.
   (1) 자연 배연 : 내외부 온도차로 인해 발생하는 압력차를 이용하여 자연적으로 배연하는 방식이며 이를 위한 배연구를 설치한다. 이 때 압력차가 작아지면 배연 효과는 저하된다.
   (2) 기계 배연 : 배연을 위한 팬을 설치하여 강제적으로 배연하는 방식으로 내압변동에 대한 영향이 적고 일정하게 배연할 수 있다.
   (3) 축연 : 배연을 하지 않고 공기막구조의 높은 라이즈를 이용하여 연기를 상부에 모으는 방식이다. 단 디플레이트에 의해 기존의 라이즈를 유지할 수 없는 경우 배연이 필요하다.
3. 연기의 하강시간에 영향을 주는 요인을 그림으로 나타내면 그림 3-1과 같다.

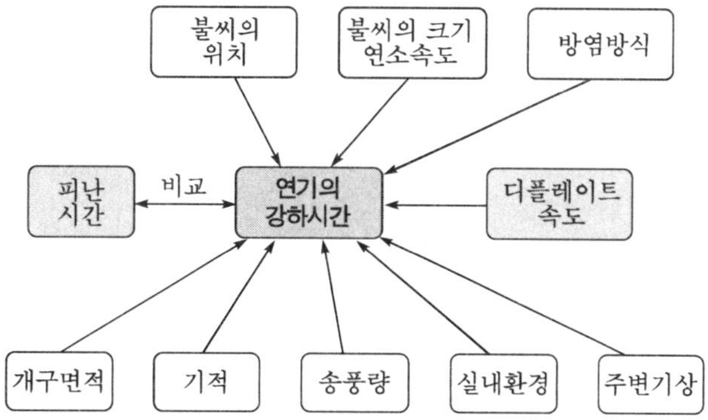

<그림 3-1> 연기의 하강시간에 영향을 주는 요인

3.2.3.4 보조공간의 연기 제어

공기막구조가 아닌 보조공간에 대한 연기 제어는 건축법 및 해당 법에 따른다.

3.2.3.5 연기 제어 계획

연기 제어 계획은 다음 사항을 검토한다.

(1) 배연구의 구조(위치, 크기, 조작방법 등)

(2) 급기 방법(화재 시에 급기를 계속할 경우에 외기 유입구의 연기 오염, 연기 확산 방지 등)

해설

1. 자연 배연, 기계 배연에 관계없이 배연구의 위치는 높은 편이 좋고, 정상부에 설치하는 것이 바람직하다. 정상부는 외부 풍하중이 발생하더라도 항상 부압이 작용하므로 효과적인 배연을 할 수 있다. 최정상부에 설치가 불가능한 경우라도 이용자 공간의 최상단보다 높은 위치에 배연구를 설치해야 한다. 소요 배연량은 연기의 하강 시간과 관련이 있으며 배연구의 크기, 내압에 의해 결정된다. 내압은 가압급기의 유무, 막지붕의 하중, 개구부의 크기에 따라 정해진다. 건축법에서는 배연구의 개방장치가 연기감지기 또는 열감지기에 의하여 자동으로 열 수 있는 구조로 하되, 손으로도 열고 닫을 수 있도록 한다. 배연구에 관한 사항은 건축법에 따른다.
2. 피난 시에도 공기막구조의 인플레이트 상태를 위해 급기를 유지하는 경우에는 화재에 따른 오염된 공기가 유입되지 않도록 한다. 가압 공기의 유입구는 가능한 구조물의 하부에 여러 개를 설치하여 화재 시에 선별적으로 가동할 수 있도록 한다. 급기 시 화재에 따른 연기가 확산되지 않도록 배연하여야 하며 가압공기에 의해 연기가 확산되는 방식은 피해야 한다.

3.2.4 피난계획

3.2.4.1 기본방침

1. 공기막구조물의 특수성을 충분히 고려하여 안전한 피난이 가능하도록 계획한다.
2. 공기막구조물의 피난계획에서는 다음 각 항목의 검토가 중요하다.
   (1) 피난구 및 통로 계획
   (2) 계단, 슬로프 등을 포함한 동선 계획
   (3) 피난시간 및 체류인원 검토

해설

1. 피난계획과 관련한 공기막구조물의 특수성은 다음과 같다.
   가) 내부 공간이 가압되어 있고, 가압에 의해서 지붕이 지지되어 있다.
   나) 대공간을 이루고 있다.
   다) 다수의 이용자를 위한 시설이다.
   상기 3가지 중 나)에서는 가압부분과 비가압부분과의 경계부분에서의 출입구 골조, 풍속 등의 사안과 내압 저하로 인한 디플레이트 상태, 대피자의 심리적·물리적인 장애 배제, 연기의 특성 변화 등에 대한 검토가 필요하다. 이를 위해 3.1.3 「사용형태와 위험요인 및 안전대책」에서 서술한 바와 같이 공간의 사용형태 및 용도를 결정하고 이에 따른 대책 검토가 필요하다. 다)에서는 비상시에 이용자가 혼란에 빠지지 않고 얼마나 원활하게 대피할 수 있는가가 관건이다.
2. 내부 공간이 이중으로 되어 있어 외부 및 내부 피난구가 모두 존재할 수 있으며 때로는 공기막구조가 기존 건축물과 결합해 이루어져 있는 경우도 있다. 모든 상황에서 피난구 및 통로를 적절히 계획하여 피난의 흐름을 원활하게 해야 한다. 이용자 전원이 대피 완료하는 피난시간을 산정하거나 동선을 계획할 시에는 대피로 통로의 폭이 문제가 되는 경우가 많으므로 계단 및 슬로프 등으로 이를 보완할 수 있다. 이와 같은 상황을 모두 고려하여 피난시간을 산출해야 한다.

3.2.4.2 피난시설의 배치

1. 피난 출구, 피난계단 또는 슬로프 등 피난을 위한 시설은 분산 설치하여 한 곳으로 집중되지 않도록 한다.
2. 피난 동선은 가능한 한 일상의 동선에 일치시키는 것이 좋으며 막다른 곳이나 복잡한 동선을 배제하여 알기 쉽도록 한다.
3. 외부에는 대피자를 수용하는 안전한 공간을 마련하여 대피자로 인해 소방 활동이 방

해되지 않도록 한다.

해설

1. 피난시설이 한 곳에 집중 배치될 경우 옥외까지의 피난 동선이 길어질 수 있고 이용자의 과도한 집중을 초래할 수 있어 위험하다. 피난시설을 분산 배치하여 이러한 위험을 제거해야 하고, 만약 일부 동선을 사용할 수 없게 된 경우에는 다른 경로의 선택이 가능하도록 해야 한다.
2. 피난 계획은 불필요한 동선을 배제하고 원활히 대피할 수 있도록 막혀있지 않아야 한다. 내부 공간에서 출구까지 대피로를 알 수 있도록 표지판을 부착하여야 한다.
3. 옥외로 대피한 이용자를 수용하는 공간이 없으면 이로 인해 내부의 피난이 정체될 우려가 있고 소방 활동이 방해될 수 있다. 소방차나 소방대의 진입 경로를 마련해 두고 대피자로 인해 방해되지 않도록 한다.

3.2.4.3 피난시설의 규모

각 피난시설의 규모는 이용자 수에 따라 산정한다.

해설

1. 피난 출구나 동선의 폭 등은 계획된 위치에서 예상 가능한 이용자의 수에 따라 규모를 산정한다. 복수의 피난 동선이 합류하는 곳에서는 각각의 예상인원을 합한 수를 적용해야 한다. 피난 시설의 규모는 피난 시간 결정의 큰 요인이며 피난의 흐름에 큰 영향을 미친다. 옥외에 면한 피난 출구에서 공기유출을 막는 장치가 없는 경우에는 공기 유출에 의해 내압이 저하하고 인플레이트 상태의 유지가 어려워진다. 이 경우에는 디플레이트 속도가 가속될 수 있으므로 연기층의 하강 시간을 예측하여 디플레이트 속도보다 빠른 시간에 피난이 완료되도록 해야 한다.

3.2.4.4 피난시설의 구조

피난시설의 각 부분은 대피자의 흐름에 지장이 없고 안전하고 원활하게 진행되도록 계획한다.

해설

공기막구조물은 공기에 의한 가압구조이므로 실내외의 압력 차이가 발생하고 이로 인해 회전문인 경우에는 대피 시 위험한 경우가 발생할 수 있다. 피난 시 회전문을 사용할 수는 있지만 회전문을 사용하지 않고 다른 문을 사용하는 것만으로도 제한된 피난 시간 내에 모든 이용자가 대피할 수 있는지를 확인해야 한다.

3.2.5 이용자의 안전에 관한 각 부분의 계획

3.2.5.1 기본방침

각 부분의 계획에 있어서는 검토 공기막구조물의 특징, 인간의 생리·심리 및 군집 행동 특성을 고려하여 일상 이용 및 피난에 지장이 없도록 한다.

해설

1. 공기막구조물의 최소 내부압은 정상적인 기후와 서비스 상태에서 구조 안전성을 확보하기 위한 것으로 일반적으로 200 N/m^2 이상 이어야 하며 적설 시나 강풍 시에는 더욱 승압된다. 출입구 등 압력 차이를 받는 부분을 지장 없이 이용할 수 있는 구조로 계획해야 한다. 또한 다수의 군중이 이용하는 시설이므로 사용용도, 이용자 수, 이용자의 행동 등을 고려하여 입·퇴장 시나 피난 시 장시간 체류가 발생하거나 이동의 흐름에 혼란이 야기되지 않도록 동선을 계획해야 한다. 혼란을 미연에 방지하기 위해 상황을 지속적으로 파악하고 방송이나 안내자들에 통해 이용자의 유도 및 통제가 가능해야 한다.

3.2.5.2 각 부분 계획

1. 내부 공간은 평상시의 입·퇴장 및 비상시의 피난에 지장이 없도록 공간의 배치, 통로의 폭, 통로의 구배, 난간 등을 계획한다.
2. 평상시의 입·퇴장 동선 및 피난 경로에 존재하는 출입구는 이동에 지장이 없도록 열기 쉬운 개폐장치를 마련해야 한다. 특히 압력차이가 발생하는 부분은 안전성을 검토해야 한다.

해설

1. 내부 공간에 관람석을 설치한 경우 급한 경사가 있을 수 있다. 이 경우에는 비상시 뿐만 아니라 평상시에도 일부분에 이용자가 몰려 군중이 전도되는 위험성도 간과할 수 없다. 관람석에 대해서는 조례로 규정되고 있으나 공기막구조물에는 적합하지 않을 수 있으므로 개별적으로 안전성을 검토해야 한다. 관람석을 설치할 경우에는 극단적인 정체가 발생하지 않도록 해야 하며 피난경로에 지장이 없도록 하고 체류가 발생하는 부분에는 공간을 마련해야 한다. 적당한 간격으로 계단참을 마련하거나 난간을 설치하는 등의 계획도 필요하다.
2. 피난 동선에 위치한 문은 피난 방향으로 향하여 바깥 여닫이로 해야 한다. 또한 비상시에는 회전문은 비상구로 인정되지 않는다. 회전문에는 바깥 여닫이 비상구를 병행하여 설치하여야 한다. 비상구는 압력차이로 인해 급격히 개방되어 문 또는 부품이 파손될 우려가 있으므로 압력차이가 발생하는 부분의 안전성을 검토해야 한다.

3.2.5.3 출입구 풍압에 대한 보행의 안전성

옥외 또는 비가압 부분에서 출입구의 풍압으로 인해 보행의 안전성에 위험을 초래하면 안 된다.

해설

1. 공기막구조물은 비상구 등을 개방할 경우 비상구를 통해 상당한 공기가 외부로 유출된다. 강풍 혹은 적설로 인해 내압을 상승시킨 경우에는 유속은 더욱 증가하므로 이용자의 퇴장, 피난 등에 지장이 예상된다. 따라서 비상구를 개방할 시에는 이를 유념하여야 한다.

3.2.6 피난 시 혼란·패닉 등의 방지

3.2.6.1 기본방침

일상의 이용 및 각종 재해에서 군중심리 및 비상시 이용자의 심리를 고려하여 패닉 및 혼란 방지에 대비한다.

해설

공기막구조물 중 이용자가 많은 대규모 건축물은 화재나 지진 등의 원인으로 인해 이용자들이 피난 시 혼란과 패닉이 발생할 수 있다. 또한, 공기막구조의 특성상 급격한 디플레이트는 이용자의 심리적 동요를 불러올 수 있다. 따라서, 공기막구조물의 용도와 재해 시 피난 동선을 고려하여 원활하게 이동이 진행될 수 있도록 계획한다. 특히 피난경로를 알 수 있는 표지판을 구비하고 피난 유도를 위한 비상 방송을 실시함으로써 군중의 혼란 및 패닉을 사전에 방지해야 한다.

3.2.6.2 이동 동선의 구성

평상시·비상시 모두 이용자들의 이동이 원활히 흘러가도록 계획하고 다음의과 같은 사항을 점에 유의해야 한다.

(1) 이동 동선을 복잡하게 하지 않는다.

(2) 동선에 단차로 인한 턱이 없도록 한다. 단차가 있더라도 그 전에 충분한 체류 공간을 마련한다.

(3) 공간 구성을 명확히 한다.

해설

이용자들이 이동 시 원활하게 이동하지 못하고 장시간 같은 장소에 체류하거나 비상시에 피난 방향을 알기 어려운 경우, 현재 상황을 알 수 없는 경우는 혼란 및 패닉의 원인이 된다. 공기막구조물은 평상시 및 비상시의 동선 중 장시간 체류하는 부분이 발생하지 않도록 계획해야 한다. 체류가 예상되는 장소에는 이용자 수에 맞게 보다 안전한 공간을 마련해야 한다. 이 공간에는 실외위치가 확인되거나 비상방송이 명확하게 들리는 등 안심을 줄 수 있는 방안이 마련되어야 한다. 또한 동선은 명확하여야 하고 일상 동선과 피난 동선이 될 수 있으면 일치해야 하며 현재 위치가 인식되고 이용자가 분산될 수 있는 계획이어야 한다. 아울러 급한 경사가 있는 부분의 위험성도 고려하여야 한다.

3.2.6.3 상황의 파악과 전달

각 부분에서는 이용자의 상황을 정확하고 신속하게 파악하는 동시에 이용자에게 필요한 정보를 제공할 수 있도록 시설 및 설비를 마련한다.

해설

1. 패닉의 요인 중 하나로 이용자가 불안하다고 느끼는 상황에 대한 정보를 얻을 수 없는 것을 꼽을 수 있다. 정보의 제공은 정확하고 간결해야 한다. 이를 위해서는 공기막구조물 전체 상태의 정확한 정보를 파악해야 한다. 관리자의 육안 확인뿐만 아니라 방재센터에서 TV 모니터로 각 부분의 상태·이용자 상태를 파악할 수 있는 것이 바람직하다. 필요에 따라 정보의 제공 수단으로서 비상 전화나 비상 방송 설비를 마련한다. 그 밖에도 각 부분의 안내원에게 지시를 내릴 수 있는 무선 설비 등도 고려할 수 있다. 비상방송은 블록별로 선택적으로 방송할 수 있는 시스템이 좋으며 정보가 명확해야 한다. 여기서 정보는 막구조가 디플레이트 되더라도 안전하다는 등의 공기막구조의 특성을 설명하고 이용자들을 진정시킬 수 있는 것이어야 한다. 이를 위해 관리자는 공기막구조의 특성이나 공기막구조물의 방재 특성, 비상시의 대응방안 등을 명확하게 전달해야 한다. 관리자는 정보 전달을 위한 훈련을 실시하여야 한다.
2. 이용자들의 혼란에는 안내원의 유도가 매우 중요하므로 사전에 피난 방향의 지시나 피난 시작 지시, 비상문 개폐 관리, 상황에 맞는 대처방법 등에 대해 훈련하여야 한다. 안내원은 이용자들을 통제하기 위해 상황을 정확하게 판단하고 지시할 수 있어야 한다.

3.2.7 막구조 지붕의 방화·내화성

3.2.7.1 기본방침

막구조 지붕의 방화·내화성에 관하여 다음과 같은 항목에 대해 안전성을 확인한다.
(1) 내부화재로 인한 붕괴 방지 및 외부로의 연소 방지

(2) 외부화재에 의한 연소 방지 및 붕괴 방지

해설

1. 공기막구조물은 기존 건축물에 적용하고 있는 방화·내화성에 관한 기준을 그대로 적용하는 것은 적절하지 않다. 따라서 공기막구조의 지붕에 대한 방화·내화성은 기존 건축물 지붕에 요구하고 있는 방화·내화성의 개념에 따라 안전성을 확인해야 한다. 건축법에서는 벽, 바닥, 기둥, 보 등의 건축물의 각 부위별로 내화성능을 달리하여 정하고 있지만, 각각의 구법에 대해서는 가열시험 등을 실시하여 합격으로 판정된 것을 「내화구조」로 지정하게 된다. 이 때 요구되는 성능은 다음과 같다.
   (1) 가열 시의 구조 안전성
   (2) 차염성
   (3) 차열성
   (4) 내충격성
   따라서 공기막구조물의 지붕에 대해서는 상기의 사항을 고려하여 가열 시의 구조안전성, 차염성, 차열성을 확보하고 화재 시의 충격에 의해서도 성능이 저하되지 않도록 해야 한다.

3.2.7.2 내부화재에 대한 안전성

내부 화재에 대해서는 공기막구조물의 사용 용도 중 막지붕에 미치는 영향이 가장 크다고 판단되는 상황을 선정하여 안전성을 확인한다.

해설

1. 내부화재에 대한 안전성을 검토할 경우 화재의 규모를 어떻게 상정할지는 1.3 「사용형태와 위험요인 및 안전대책」에 언급되어 있는 바와 같이 사용 용도에 따라 달라진다. 특히, 공기막구조물의 사용 용도가 명확하게 한정되어 있지 않는 한 막지붕에 미치는 영향이 가장 크다고 판단되는 경우를 상정해서 검토해야 한다.
2. 일반 내화성능시험의 규정은 구조안전성을 부재의 온도 또는 처짐량으로 평가하고 있지만 막구조 지붕이 가열될 때 구조 안전성을 처짐량으로 평가하는 것은 내부 압력이 고려되어야 하므로 복잡해진다. 이 때 막재 및 케이블 각각에 대한 허용 온도를 설정하고 시뮬레이션 등을 실시하여 허용 온도 이하인 것을 확인하는 것도 하나의 방법이다. 차염성, 차열성 및 내충격성의 관점에서도 막재의 허용 온도를 설정하여 안전성을 확인하는 방법도 가능하다.
3. 화재 시 디플레이트를 전제로 한 계획은 디플레이트 상태에서 구조안전성, 차염성, 차열성 및 내충격성에 대해 검토해야 한다.

3.2.7.3 외부 화재에 대한 안전성

공기막구조물이 위치한 지역에서 발생할 수 있는 외부화재에 대하여 막지붕의 안전성을 확인한다.

해설

1. 외부화재를 어떻게 설정할지는 인접한 건물 등의 상태에 따라 다르다. 공기막구조물은 통상적인 내화 건축물이 설정한 중간 정도의 화재에 대해 연소방지성이 있어야 한다.
2. 외부화재에 의한 연소방지 및 붕괴방지의 평가에 관하여 외부화재의 시뮬레이션을 실시함으로써 막재의 온도가 허용온도를 넘지 않도록 확인해야 한다.

3.2.8 소방계획

3.2.8.1 기본방침

소방계획은 공기막구조물의 공간 특성, 사용형태, 이용자의 속성, 관리체제 등에 따라 정해지는 것이기 때문에 이러한 특성을 충분히 파악하여 대책을 강구한다.

해설

소방계획은 화재의 예방부터 화재 시 구조 활동까지 일련의 계획이므로 각종 재해요소에 의하여 결정되는데 특히 건축물 사용 용도의 특성에 영향을 받는다. 공기막구조물의 사용형태, 수용인원, 사용빈도, 가연물의 사용유무 등 각종 재해 요인과 함께 관리체제를 파악하고 비상시 대책을 강구해야 한다.

3.2.8.2 소방용 설비 등의 원칙

공기막구조물은 높은 천장으로 구성된 대공간이라는 특성을 가지며, 내부공간이 다목적으로 사용될 가능성도 고려하여야 하므로 이에 적합한 소방용 설비 등을 설치하고 유지한다.

해설

공기막구조물에 설치하는 소화설비, 경보설비, 피난설비 등의 소방용 설비 등은 법령으로 정하는 목적, 취지에 따라 설치해 유지해야 한다. 특히 다수의 이용자가 사용하는 넓은 공간과 내부 공간이 다용도로 사용될 것을 고려하여 효율적으로 설치하고 유지해야 한다. 소방용 설비 등은 공기막구조물에 영구적으로 설치하는 설비와 행사 개최 시에만 임시로 설치하는 설비로 나누어 고려해볼 수 있다.

3.2.8.3 소방설비

1. 내부 공간이 다목적으로 사용되는 경우에는 소화기 및 실내소화전 설비 또는 이와 동등 이상의 소화성능을 가진 설비를 설치해야 한다.
2. 공기막구조물은 높은 천장으로 이루어진 대공간의 특성을 가지므로 스프링클러 설비 대신 실내소화전 설비 또는 이와 동등 이상의 성능을 가진 설비를 설치한다.

해설

공기막구조물의 내부 공간은 다목적으로 사용하고 가연물이 반입되는 것으로 가정하여 소화기 및 옥내소화전 설비 또는 이와 동등 이상의 소화성능을 가진 설비를 설치해야 한다. 공기막구조는 높은 천장고로 이루어져 있어 스프링클러로는 본래의 초기진화 목적을 달성하기 어렵고, 근본적으로 막구조 지붕에 설치하는 것이 기술적으로 어렵거나 조작의 어려움이 있다. 이 때문에 실내 소화전 설비 또는 이와 동등 이상의 소화 성능을 지닌 소화 설비를 설치하는 것이 바람직하다.

3.2.8.4 경보설비

내부공간이 다목적으로 사용되는 경우에는 야간에 비사용 시 화재를 조기에 발견하기 위해서는 대공간에 적합한 화재 감지설비를 설치해야 한다.

해설

공기막구조물은 층고가 높은 대공간 구조물로 화재의 우려가 거의 없을 것으로 예상되지만 다목적으로 사용된다고 가정하였을 때 가연물을 내부공간에 배치하는 경우가 발생할 수 있으므로 화재 발생이 예상된다. 사용 시에도 화재 발견이 늦어질 수 있고 특히, 사용하지 않는 야간에는 화재 발견이 늦어질 수 있다. 이에 따라 대공간 및 다수가 이용하는 시설임을 고려하여 적합한 화재 감지설비를 설치해야 하며, TV 모니터 등에 의한 감시가 필요하다.

3.2.8.5 피난설비

내부공간이 다목적으로 사용되는 경우에는 피난구 유도등 및 통로 유도등을 대신하여 유도 표지판 및 피난 상 유효한 조도를 가진 일반조명으로 대체할 수 있다.

해설

공기막구조물의 특성상 고정 유도등(피난구 유도등 및 통로 유도등)을 설치하기 힘들 수 있으므로 이를 대신하여 유도 표지판 및 피난상 유효한 조도를 가진 일반조명으로 대체할 수 있다.

3.2.8.6 소방 활동에 필요한 시설

내부 공간이 다목적으로 사용되는 경우에는 연결 송수관을 설치하여 소방 활동에 대비한다.

해설

내부 공간에 가연물이 반입되는 등의 행사가 있을 경우에는 화재 시 연결 송수관에 의해 소화를 하게 된다. 연결 송수관의 방수구 설치장소는 소방대가 대피자의 동선과 겹치지 않고 진입하기 쉬운 위치가 바람직하다. 송수구는 소방차가 쉽게 접근할 수 있는 장소여야 한다.

3.2.8.7 소방 체제의 원칙

공기막구조물 중 대규모 관람공간이 있는 경우에는 내부공간이 다목적으로 사용될 가능성이 있으므로 여러 상황에 대응할 수 있는 방화관리 및 소방 활동 체제를 마련한다.

3.2.8.8 소방관리 체제

공기막구조물의 소방관리 체제에서는 사용 용도의 특성과 가압 공간이라는 특성을 감안하여 관리책임자의 역할을 비롯하여 피난 유도체제, 화기사용의 제한, 반입 가연물의 제한 등을 설정하여 관리하여야 한다.

해설

소방관리 체제는 공기막구조물의 사용 용도에 따라 현저하게 달라지며, 용도가 변경되는 경우에는 관리체제가 적절하지 않을 수 있으므로 각각의 사용 형태에 대한 매뉴얼을 확립하는 것이 필요하다. 이 때문에 다음과 같은 소방관리 체제를 고려해야 한다.

(1) 소방관리 상의 책임자는 공기막구조물의 소유자이며 임대인이나 특별개최자는 관리책임자의 관리 하에 두어야 한다. 소방관리 책임자는 공기막구조물의 소방관리 업무 외에 가압 시스템의 상황을 충분히 파악하고 있어야 한다.
(2) 이용자 정원은 사용 용도에 따라 정해지지만 용도가 변경될 경우에도 수용 인원을 정하고 피난통로 등을 관리해야 한다.
(3) 공기막구조물의 사용 용도에 따라 화재성격과 형태가 다르기 때문에 획일적 피난체제가 아니라 각 사용 용도와 화재성격 및 형태에 적절한 피난유도체제의 매뉴얼을 확립할 필요가 있다.
(4) 내부공간이 전시장 등으로 사용되는 경우에는 다량의 가연물이 반입될 수 있으므로 단위면적당 반입 가연물량의 제한 범위를 정해야 한다.

(5) 공기막구조물에서 주방 등 고정적인 화기사용 설비기구 외에 행사 주최에 따라 많은 화기기가 사용될 것으로 예상되는 경우에는 화기사용기구 등을 최소한으로 제한하고 충분한 안전대책을 강구해야 한다.

3.2.8.9 소방활동체제

공기막구조물을 대규모 관람공간으로 사용하는 경우에는 가압공간이라는 특성을 고려하여 소화, 구조 활동을 위한 진입이 가능한 개구부 및 활동거점을 마련한다.

해설

1. 유효한 소방 활동을 하기 위해 상황에 따라서는 소방차가 직접 내부로 진입할 수 있는 진입로 및 소방대가 직접 진입할 수 있는 개구부 또는 이를 대신하는 조치가 필요하다. 이 경우에는 진입 가능한 개구부 등에는 소방차가 쉽게 접근할 수 있고 피난 군중과 겹치지 않아야 한다.
2. 소방 활동을 위한 거점은 방화 구획된 방재센터 등이 가장 적당하고 공기막구조물의 방재정보와 가압송풍 상황 등 모든 기능을 파악할 수 있어야 하며 충분한 공간을 확보할 수 있어야 한다.

3.3 방재관리

3.3.1 방재관리의 기본적 개념

방재관리의 평가는 1.3에서 설명하는 표준적인 사용형태를 전제로 하고, 다음에 나타내는 항목에 의해 실시한다. 다만, 특수한 사용형태 또는 사용형태를 한정한 계획에 대해서도 별도로 평가할 수 있다.

(1) 방재관리 내용

(2) 방재관리 체제

해설

방재 안전성은 전체 시스템의 최우선으로 두어야 한다. 공기막구조물은 송풍기로 상시 가압하여 지붕을 지지하고 있으며 다양한 용도로 다수의 이용자가 사용 하는 등의 특수한 조건이 많으므로 방재관리는 매우 중요하다. 방재관리의 평가는 다음과 같은 2가지 경우를 고려하여 검토하고 계획하여야 한다.

i. 특수한 사용 용도 : 특수한 사용 형태는 다수의 가연물을 반입하는 경우를 꼽을 수 있으며 그 빈도가 많지 않은 경우에는 관리체계의 강화를 조건으로 허용할 수 있다.

ii. 용도를 한정한 경우 : 사용형태를 한정한 경우라도 그 사용형태 및 용도한정을 보수적으로 하여 방재관리 계획을 평가한다.

3.3.2 방재관리의 내용

3.3.2.1 공기막구조물의 사용형태

공기막구조물의 방재관리는 구조물의 사용형태와 공간 사용 특성을 고려하여 종합적으로 평가한다. 각 정해진 사용 형태에 대해 타당성 및 운영의 신뢰성에 대해 평가한다.

해설

공기막구조물의 표준 사용형태를 결정하여 방재계획을 평가해야 한다. 각각의 사용형태에 대해 관리방법이 정해지는데 이 때 정해진 사용형태로 운영되는지에 대해 신뢰성 평가를 수행해야 한다. 이를 위해 각 용도별로 구체적인 사용방법을 설정해야 한다.

3.3.2.2 상시 관리

공기막구조물의 상시 관리에 대해서 다음과 같은 항목에 따라 계획과 부합하는 지의 여부를 평가한다.

(1) 가연물의 관리, 화기사용 제한 등의 관리
(2) 수용인원, 이용자의 유도 등에 관한 관리
(3) 설비·시설 등의 점검
(4) 피난행동 등에 관한 일상적인 훈련

해설

다음은 각 항목의 주요 검토 내용을 서술한 것이다.

(1) 가연물의 관리, 화기사용 제한 등의 관리

- 가연물의 관리
  - 화재의 원인이 될 수 있는 행사 등에 사용하는 가연물(스테이지, 대도구, 전시용 디스플레이, 판매상품 등) 및 쓰레기(신문지 등)를 최소로 제한한다.
  - 정해진 양을 초과하여 가연물을 반입하는 경우에는 관할 소방기관 등과 협의하여 필요한 대책(소화기구, 인원의 배치 등)을 강구한다.
- 화기 사용 제한
  - 화기 사용은 화재의 직접적인 원인이 되므로 가연물 이상의 철저한 관리가 필요하다.
  - 행사 시 화기사용을 최대한 제한하고 사전에 신고하도록 하며 관할 소방기관과 협의하여 방화 체제를 강화한다.
  - 행사 준비 공사로 인해 화기 사용이 예상되는 경우에도 원칙적으로는 화기를 사용하지 않도록 하

되 부득이하게 화기를 사용하는 경우에는 사용 상황에 맞는 방화체제 강화(소화기 설치 및 방염 시트막이 등)를 실시한다.

- 흡연에 대한 제한
  - 내부공간은 흡연은 철저히 금해야 한다. 필요에 따라서는 야외에 흡연공간을 설치하는 등의 조치가 필요하다.
- 식당, 매점 등의 화기에 대한 제한
  - 식당, 매점의 주방을 내부공간에 설치하는 경우에는 화기사용 부분에 대하여 화재를 초기 진화할 수 있는 소화설비의 설치나 기타 대비가 필요하다.

(2) 수용인원, 이용자의 유도 등에 관한 관리

- 최대 수용인원의 준수
  - 최대 수용인원의 준수를 의무화한다.
  - 내부 공간은 설계 수용인원을 초과해 수용해서는 안 된다.
  - 관리자는 내부 공간에 있는 인원을 항상 정확하게 파악하고 비상시의 조치에 문제가 없어야 한다.
- 이용자의 유도
  - 이용자의 출입·퇴장 경로는 화재 시의 피난 경로와 동일하게 하는 것이 바람직하다.
  - 행사 개최 시에는 입·퇴장 동선에 안내원을 배치하여 이용자의 원활한 유도를 실시한다.
  - 행사 개시 전에 영상·방송 등을 통해 비상시의 피난방법에 대해 이용자에게 주지시키는 것도 하나의 방법이다.

(3) 설비·시설 등의 점검

- 방화설비의 정기점검
  - 자동 화재 경보 설비, 소화 설비, 배연·설정 등을 법령에 규정된 기준에 따라 정기점검 하여야 한다.
- 피난로의 점검
  - 행사 개최 전에 피난로가 장애물 등에 의해 차단되지 않고 확보되어 있는지 확인해야 한다.

(4) 피난행동 등에 관한 일상적인 훈련

- 정기적으로 소방서와 공동으로 소방피난훈련을 하는 등 자체소방조직의 방재교육을 철저히 해야 한다.

3.3.2.3 발화 등 비상시의 대처

> 발화 등 비상시의 대처는 다음과 같은 항목을 평가한다.
> (1) 연기 제어, 초기 진화, 소방기관에 신고 등의 방법
> (2) 피난 유도 방법
> (3) 상기 대처에 대한 절차 등 시스템 구성

해설

(1) 연기 제어, 초기 진화, 소방기관에 신고 등의 방법

- 연기 제어
  - 화재 발생을 확인하는 것과 동시에 가압 송풍이나 연기 제어 등의 처치를 취해야 하며 화재 발생의 위치나 규모, 이용자의 상태 등의 상황에 따라 적절하게 대응할 수 있어야 한다.
- 초기 진화
  - 소화기, 소화전 등을 사용하여 초기 진화를 시도하여야 한다.
- 소방기관에 신고
  - 소방기관에 신고하고 소방대 도착 후에는 소방 활동에 협력하여야 한다.

(2) 피난 유도 방법

- 유도방법
  - 방송 외에도 안내원을 배치하여 유도하여야 한다.
  - 유도는 화재의 위치, 규모 또는 기타 상황 등에 따라 적절한 방법으로 실시한다.
  - 대피를 서둘러 진행하여 혼란을 초래하는 일이 없도록 주의해야 한다.
- 유도동선
  - 원칙으로서 입·퇴장 동선을 피난 동선으로 사용하지만, 발화 장소, 재해 상황 등에 따라 필요에 따라 동선을 변경할 필요가 있다.

3.3.3 방재관리의 체제

방재관리의 체제는 다음과 같은 항목을 평가한다.
(1) 물적 체제 : 방재 센터, 매뉴얼 등의 정비
(2) 인적 체제 : 조직, 구성원의 자격·능력
(3) 체제의 유지 : 일상적인 훈련 등

제4장

유지관리

제4장 유지관리

4.1 총칙

4.1.1 공기막구조물의 유지관리

1. 본 지침서에서는 공기막구조물의 일반적 유지관리 중 인플레이트 상태를 확보하기 위해서 필요한 구조, 설비 등에 관한 유지관리를 대상으로 한다.
2. 공기막구조물의 유지관리에서는 인플레이트 상태를 확보하도록 노력하고, 유사 시 인플레이트 상태를 유지할 수 없게 된 경우에도 적절히 대응한다.

해설

1. 본래 건축물의 「유지관리」 개념은 매우 넓으며, 굉장히 많은 내용을 포함하고 있다. 일반적으로 건축물의 유지관리는 다음과 같은 내용으로 이루어져 있다.
   - 일상적인 유지관리 : 청소, 운전, 경비, 일상점검
   - 정기적인 유지관리 : 정기점검·보수, 주기적 수선
   - 일상 및 정기 이외의 유지관리 : 임시점검, 수선, 개량공사

   주 : 경비에는 보안을, 개량공사에는 교체 작업을 포함한다.

   이러한 많은 유지관리 내용 중, 본 지침서에서는 공기막구조의 특수성을 고려하여 인플레이트 상태의 확보를 위한 유지관리를 중심으로 다룬다. 이를 위해서 중요한 「내압송풍관리」, 「융설관리」, 「출입구·구조체 관리」 및 「개최행사에 관한 사항」을 설명하고 있다. 또, 화재에 대한 안전성을 확보하기 위한 관리(방재관리)에 대해서는 본 지침서의 「방재관리」 부분에 기술하고 있다.

4.1.2 유지관리 계획서 및 유지관리 메뉴얼

1. 공기막구조물의 설계자가 유지관리 계획서를 작성한다.
2. 공기막구조물의 관리자(소유자 또는 관리자)는 설계자의 협력을 얻어 유지관리 계획서 및 방재 계획서에 의거해 유지관리 매뉴얼을 작성해야 한다.
3. 유지관리 매뉴얼은 공기막구조물의 유지관리 실적에 근거하여 필요에 따라 변경할 수 있다.

해설

1. 유지관리 계획서는 설계의도에 적합한 유지관리가 이루어지도록 설계자가 작성해야 하는 것으로서, 공기막구조물이 공기막구조로 성립하기 위한 구조 및 설비의 개요와 함께 아래에 기술한 각 관리항목에 대한 계획이 제시되어 있어야 한다. 이 유지관리 계획서는 공기막구조물의 설계 단계에서 작성되어야 한다.
2. 유지관리 매뉴얼은 상기 유지관리 계획서를 바탕으로 공기막구조물의 운전, 보수, 점검 등이 적절하게 이루어지도록 구체적인 작업방법을 나타낸 것이다. 관리자는 설계자의 협력을 얻어 준공 전까지 이 매뉴얼을 작성해야 한다. 이 유지관리 매뉴얼에는 유지관리 계획서에 제시된 사항과 함께 설비기기의 취급설명, 공기막구조물을 적절히 유지관리하기 위해서 필요한 운전, 보수점검에 대한 구체적인 작업방법, 작업순서 및 일지 등에 기록해야 할 사항을 기재한다. 내압관리를 중심으로 한 유지관리와 방재관리는 밀접하게 관련된 사항이므로 이 매뉴얼에는 방재계획서를 토대로 방재관리상 필요한 비상시 조치방법도 기재할 필요가 있다.
3. 유지관리 매뉴얼은 공기막구조물의 유지관리 실적에 따라 재검토 및 수정되어야 한다. 유지관리 매뉴얼을 변경할 경우에는 변경 이유를 기록해 둘 필요가 있다.

4.1.3 유지관리조직

1. 공기막구조물은 책임이 있는 조직에 의해 유지관리 매뉴얼에 따라서 유지관리가 되어야 한다.
2. 공기막구조물의 관리자(내압송풍기기의 운전, 점검, 보수, 기록 업무를 담당하는 자)는 공기막구조물에 대해 충분한 지식을 갖추고 있어야한다.

해설

1. 본 지침서에서는 공기막구조의 특수성 때문에 필요한 유지관리를 중심으로 하고 있지만, 이 외의 일반 건축물에 필요한 관리와 방재 부분에 나타낸 바와 같이 화재에 대한 안전성을 확보하기 위하여 방재관리도 필요하다. 이러한 많은 내용을 포함한 유지관리는 책임이 있는 조직에 의해 각각 연계를 유지하면서 이루어져야 한다. 본 지침서에서는 주로 유지관리에서 해야 할 행위에 주목해 중요 항목에 대해서 기술하고 있는데, 이러한 각종 관리 행위를 하는 데 있어서 유지관리 조직으로서의 의사결정 또한 중요한 사항이다. 따라서 유지관리 조직에 대해서는 의사결정기구도 적절해야 한다.
2. 유지관리는 공기막구조물에 대해서 원칙적으로 24시간 관리체제로 한다.
3. 공기막구조는 자동 내압 유지장치를 가진 송풍기기의 운전에 의해 내압이 유지되지만, 관리자는 이러한 자동제어장치가 정상적으로 작동하고 있는지 확인하는 동시에 이상 시 대처를 할 수 있어야 한다. 이를 위해 설계자는 공기막구조를 유지관리하는 데 필요한 도서를 관리자에게 제공해야 한다. 이때 설계 취지를 정확하게 전달하도록 충분한 설명을 해야 한다. 관리자가 변경될 때에는 설계도서·유지관리 계획서·유지관리 매뉴얼이 동시에 인수인계하도록 하고 그 내용에 대해 충분한 설명이 이루어져야 한다.

4.2 내압 송풍관리

4.2.1 내압 송풍관리의 원칙

내압 송풍관리에서는 송풍시스템 운전·보수·점검을 함과 해야 하고 동시에 출입구·구조체 관리와 함께 설정 내압을 유지해야 하며하고, 인플레이트 상태를 유지해야 한다.

4.2.2 송풍시스템의 보수점검

관리자는 유지관리 매뉴얼에 따라 정기적으로 송풍시스템을 보수점검하고 송풍시스템을 항상 정상작동 상태로 유지해야 한다.

4.2.3 송풍시스템의 운전

관리자는 항상 내압, 송풍기의 운전상태를 감시하고, 공기막구조물의 사용상태 및 기상상태(상시, 강풍시, 강설시)를 고려하여 다음 사항을 확인해야 한다.
이상이 확인된 경우에는 이상 시의 항목에 따라 적절한 조치를 취한다.
(1) 내압이 그 때의 사용 상태 및 기상 상태에 대응해서 적절한 범위 내에 있을 것
(2) 송풍기의 운전 상태가 적절할 것

해설

1. 관리자는 일기예보에 따라 강풍 또는 강설이 예상될 때 혹은 집중호우일 때 등에 대해서 필요에 따라 설정모드 변경 등의 조치를 강구한다.
2. 적설 시에는 필요에 따라 다음 장에 설명하는 융설 조치를 취한다.

4.2.4 이상 시의 대응

1. 이상이 확인되면 관리자는 건축물 내 이용자의 안전 확보와 인플레이트 상태의 유지를 위해 노력한다. 관리자는 이상 원인을 밝혀내는 동시에 다음에 설명하는 방법을 통해 인플레이트 상태를 유지해야 한다. 또한, 필요하다고 판단되는 경우에는 이용

자의 퇴장, 대피 등의 조치를 취한다.

(1) 구조체의 파손 시

관리자는 송풍량 증가, 누기량 및 배기량 감소, 파손 부분의 응급수리 등으로 내부 시설 유지에 힘쓴다.

(2) 송풍기기의 고장 시

관리자는 송풍량 유지, 누기량 및 배기량 감소, 고장 부분의 응급수리 등으로 내압 유지에 힘쓴다.

(3) 정전 시

관리자는 정전 후 즉시 예비전원장치 혹은 예비구동장치가 자동적으로 시동되는 것을 확인하고, 시동이 걸리지 않을 경우에는 수동으로 시동을 건다. 정전 시에는 신속하게 정전의 원인을 조사하고 복구방법을 세운다.

(4) 지진발생 시

지진의 발생으로 공기막구조물이 즉시 이상 상태에 이른다고는 할 수 없지만 관리자는 신속히 내압, 송풍기 운전상태 등을 조사하여 지진발생 전과 동일한 상태로 유지되고 있는지 확인한다. 이상이 확인된 경우에는 그 원인을 밝혀내고 그 상황에 따라 위에 기술한 (1)~(3)항의 조치를 취한다. 내압, 송풍기의 운전상태 등에 이상이 확인되지 않은 경우에도 송풍시스템 및 구조체를 점검하여 손상을 발견한 경우에는 신속하게 복구 조치한다.

(5) 그 외

평상 시 운전감시 및 점검에 의해 내압이나 송풍기의 운전상태 등에 이상이 확인된 경우에는 그 원인을 밝혀내고 그 상황에 따라 적절한 조치를 취한다.

2. 이상 시에는 앞에 기술한 조치에 의해 인플레이트 상태를 유지할 수 있을 경우라도 이용자에게 필요한 실내 환경을 유지할 수 없을 가능성이 있을 때에는 이용자의 퇴장 등 적절한 조치를 취한다.
3. 인플레이트 상태를 유지할 수 없어 디플레이트 발생이 예상되는 경우에는 이용자의 퇴장 등 적절한 조치를 취한다.

해설

1. 이용자의 퇴장이나 대피가 필요한 경우로는 디플레이트가 불가피하다고 판단되는 상황이나 화재로 인해 실내 환경상태가 악화된 경우를 꼽을 수 있다.

2. 유지관리 매뉴얼은 지진의 규모에 따른 점검항목을 기재해 두어야 한다.

4.2.5 수리

파손 부분 혹은 고장 부분은 가능한 한 빠른 시기에 수리한다.

4.3 융설 관리

4.3.1 융설 관리의 원칙

융설 관리에서는 융설 시스템의 보수 및 점검을 실시하고 동시에 강설 시에는 정상 작동하고 있는지를 확인하여 이상이 확인될 경우에는 적절한 조치를 취한다.

해설

1. 예상되는 융설 부하에 충분히 대응할 수 있는 에너지원을 확보하여야 한다. 에너지원으로는 전기, 가스, 석유 등이 있는데 강설 시에도 확실히 공급할 수 있음을 확인해 둘 필요가 있다. 특히, 석유의 경우에는 항상 저장량을 충분히 채워 필요량을 확보해 두어야 한다.
2. 강설이 확인되는 경우, 융설 시스템의 시동과 승압의 우선순위는 건설지역, 기상조건, 제어 센서의 정밀도 등에 따라 다르므로 명확한 계획을 세워야 한다.
3. 융설액(염수 및 염화칼슘 용액)에 의한 융설 시스템인 경우, 융설액 저장 태크의 저장량 및 관련 공급장치 및 분사 설비가 정상적으로 작동하는지 점검해야 한다.

4.3.2 융설장치의 운전

1. 강설 시 융설 시스템의 작동이 감지시스템과 연동한 자동제어방식인 경우에는 제설시스템의 작동상황을 확인하고 수동인 경우에는 지체 없이 확실히 가동시킨다.
2. 융설 시스템의 작동 이후 일정 시간마다 육안 또는 감지기기를 통해 강설상황/융설상황을 관찰하고 융설시스템의 작동상황을 파악한다.

해설

1. 사전에 예보, 경보에 의해 강설과 적설이 예측될 경우에는 필요에 따라 미리 융설 시스템을 운전하고 막면을 가열해 두는 등의 대책을 실시해야 한다.

2. 강설 상황 및 융설 상황을 파악하기 위해 풍속계, 온도계, 습도계, 강설계, 적설계, 또는 모니터 등을 활용할 수 있다.

4.3.3 이상 시의 대응

1. 융설 시스템이 고장 등으로 인해 기대되는 능력을 발휘하지 못하는 경우 또는 작동하지 않는 경우에는 그 원인을 확인한다. 예비 송풍기 등으로 대응이 가능할 경우에는 신속하게 전환하여 융설을 계속한다. 고장 등의 상황 및 강설 상황에 따라서는 이용자의 퇴장 및 제설 등의 조치를 취하도록 한다.
2. 고장난 융설 시스템은 신속하게 복구시킴과 동시에 사고의 재발방지대책을 강구한다.

해설

1. 융설 시스템 고장의 경우에는 통상적으로 내압을 승압시키며 이 경우, 필요에 따라 이용자를 퇴장시킨다(5.1 개최행사의 제한 참조). 이와 같은 고장 시에는 개최행사가 제한되어야 한다. 제설 조치에 관해서는 막면을 손상시키지 않도록 고무삽을 예비해 두어야 한다.
2. 막면 위의 적설이 진행되어 처짐이 발생한 경우에는 제설을 하거나 막면에 설치된 배수드레인을 개방함으로써 막재의 파손을 막고 디플레이트가 유발되지 않도록 한다. 만일 디플레이트되어 적설이 진행될 경우에는 케이블의 파단보다 먼저 막재의 파손을 유발시키는 피해를 최소화해야 한다.
3. 위에서 설명한 바와 같이, 다음과 같은 사항도 고려해야 한다.
   (1) 출입구 부근에 내압 상태를 표시할 수 있는 장치를 설치한다.
   (2) 출입구의 개폐상황을 관리자가 파악할 수 있는 장치를 설치한다.
   (3) 관리자 상호간의 연락이 용이하도록 한다.

4.4 출입구 · 구조체의 관리

4.4.1 출입구 관리

출입구는 그 종류 및 기상상황, 건축물의 이용 상황에 따라 적절하게 이용되도록 충분히 관리한다.

해설

1. 공기막구조물에는 많은 출입구가 설치될 것으로 예상된다. 이들 출입구 중 회전문과 같이 출입에 따른

누기가 적은 문 이외의 문(이하 「비상구」 라고 함)은 사용 빈도에 따라 많은 누기가 발생하므로 주의가 필요하다. 출입구의 사용은 건축물의 이용 상황(행사 개최 및 입·퇴장 시)에 따라 패턴이 변화한다. 공기막구조물에서는 불필요한 누기가 증가하지 않도록 하기 위해 사용 패턴에 따른 적절한 출입구의 이용이 바람직하고 불필요하게 출입구가 사용되지 않도록 관리되어야 한다. 이용자의 퇴장을 위해 비상구를 사용하는 경우에는 출입구에 유도를 위한 인원을 배치하여 적절히 출입구가 이용되도록 해야 한다.

2. 적설 시, 강풍 시에 내압을 승압시킨 상태에서 비상구를 개방한 경우에는 많은 누기가 발생하며 유속이 커진다. 이 때문에 이용자들이 퇴장 시에 비상구를 이용할 경우에는 많은 주의가 필요하다. (5.1 「개최행사의 제한」 방재 대피의 「출입구 풍압에 대한 보행의 안전성」 참조)

4.4.2 출입구·구조체의 점검보수

1. 출입구·구조체의 점검은 정기적으로 실시하고, 강풍 시, 적설 시 및 지진 후에는 이상 유무를 확인하기 위하여 임시 점검을 실시한다.
2. 이상이 확인된 경우에는 적절한 조치를 취한다.

4.4.3 막재의 강도관리

관리자는 설계자 및 시공자와 협의하여 미리 계획된 방법으로 막재의 강도를 확인한다.

해설

막재는 장기간에 걸쳐서 옥외 환경에 노출되므로 강도 저하가 일어날 수 있다. 따라서, 관리자는 건물규모, 용도 및 환경조건 등에 따라 미리 계획한 방법으로 임의의 시점에서의 강도(인장 및 인열)를 확인하여야 한다. 확인은 해당 건물에서 샘플링한 막재를 이용해서 하는 것이 바람직하지만 이러한 작업이 쉽지 않다. 이 때문에 해당 건물의 부지 내 혹은 근방의 비슷한 조건의 장소에 준비한 공시 막재를 사용해도 좋다. 이 경우 공시 막재는 해당 건물에 장착한 막재와 동일 사양으로 필요한 초기장력을 부여한 상태에 있는 것으로 한다. 확인시험 간격은 5년으로 하고 측정 시의 강도 변화에 따라 다음 시험까지의 간격을 단축한다. 시험의 결과로서 해당 막구조 지붕의 응력 분포가 막구조로서 안전성 유지하기 어렵다고 판단될 경우에는 관리자가 설계자 및 시공자와 협의하여 부분 또는 전면의 교환을 실시한다.

4.5 개최 행사에 관한 사항

4.5.1 개최 행사의 제한

출입구 통과 시의 보행안전성에 지장이 되는 내압 이상으로 승압한 경우에는 공기막구조물에서의 개최행사에 제한을 둔다.

해설

공기막구조물은 강풍 및 적설 시에 내압을 승압시켜 지붕면 강성을 높이는 것이 일반적이다. 이와 같이 구조안전성의 면에서 내압을 상승시키는 것은 비상구에서 유출되는 공기의 유속 증가를 초래하여 건축물의 사용편리 면에서는 바람직하지 않다. 더욱이 유속이 너무 커지면, 비상구를 사용하는 것 자체에도 위험이 뒤따르게 된다. 비상구 사용에 위험이 따를 정도의 내압으로 승압할 수밖에 없는 강한 폭풍 또는 폭설 시에는 해당 건축물을 사용하는 행사도 개최되지 못할 것으로 예상된다. 폭풍 및 폭설 시에 내압을 개구부 통과 시의 보행안전성에 지장이 되는 압력 이상으로 승압하는 경우에는 공기막구조물을 사용하는 것을 제한하는 것이 필요하다.

4.5.2 설치물의 제한

공기막구조물을 사용하여 각종 행사를 하는 경우에는 설계에서 고려되지 않은 중량물을 막구조 지붕에 설치할 수 없다. 단, 이 중량물을 설치한 경우의 안전성에 관하여 확인한 경우는 예외로 한다.

4.5.3 실내 공기질 및 환기 시스템

1. 다중이 이용하는 공기막구조는 실내공기질관리법 적용 대상 시설이므로 기준을 만족시켜야 한다.
2. 공기막구조물 내에 환경설비의 공기질 정화장치 설치 기준을 만족하는 적합한 공기정화장치 혹은 환기 시스템을 설치해야 한다.
3. 관리자는 공기막구조물 내의 실내 공기질의 상태를 정기적으로 확인함과 동시에 공기 정화장치 혹은 환기 시스템이 이상이 없는지 확인한다.
4. 이상이 발생할 시에는 이용자의 퇴실 등 적절한 조치를 취하고 적합한 실내 공기질 수

준을 다시 확보할 수 있도록 한다.

해설

1. 공기막구조물 내부의 내장재(내부 막재, 바닥재 등의 건축자재)를 새집증후군 및 유해물질 등의 발생이 적은 친환경재료로 선택하여 실내공기질관리법 기준을 만족시켜야 한다.
2. 필요 시에는 실내공기질관리법 상으로 구분되는 유해물질에 대한 정화장치 혹은 환기 시스템을 설치하여 실내 공기질을 적정 수준 이상으로 유지할 수 있다.

집필진

■ **집필위원장**

김재열	협성대학교 교수

■ **집필위원**

김현수	선문대학교 교수
김희균	㈜ 에코닝 기술연구소 소장
이승혜	세종대학교 교수

■ **검토위원**

황보석	㈜ ES건축구조엔지니어링 대표

■ **자문위원**

배부환	엠엠케이 ㈜ 대표
유정한	서울과학기술대학교 교수
이기학	세종대학교 교수
이영학	경희대학교 교수
이장복	㈜ 동아스트 대표
조병욱	㈜ 타이가 대표
주영규	고려대학교 교수

참고문헌

1. American Sociery of Civil Engineers (1997), "Air-Supported Structures: ASCE 17-96"
2. EUROPEAN COMMITTEE FOR STANDARDIZATION (2015), "UNI EN 13782:2015, Temporary structure. Tents. Safety"
3. CECS (2004), "Technical Specification for Membrane Structures: CECS 158: 2004"
4. 이시이 카즈오(1977), "공기 막 구조의 설계와 응용", 공업조사회, 일본
   石井一夫(1977), "空気膜構造一設計と応用", 工業調査会, 日本
5. 사단법인 일본막구조협회(1991), "막구조건축물 구조설계지침 · 계산예제"
   社団法人日本膜構造協会(1991), "膜構造建築物構造設計の手引 · 計算例集"
6. 일본건축학회(1994), "건축물 하중 지침 · 해설"
   日本建築学会(1994), "建築物荷重指針 · 同解説"

공기막구조 설계지침서 정가 15,000원

저자 : (사)한국공간구조학회

발행인 : 임해진
발행처 : 도서출판 구미서관

인쇄 : 2021년 5월 14일
발행 : 2021년 5월 21일

등록 : 1979년 6월 29일 No.9-6호
주소 : 서울시 마포구 신촌로 2길 5-15 구미빌딩
전화 : 02-333-1101
팩스 : 02-335-2201
http://www.goomibook.com

ISBN 979-11-6257-164-4 (93540)
